Pamphile Nguema Ndoutoumou

Histologie de l'embryogenèse précoce au sein du genre Phaseolus L.

Pamphile Nguema Ndoutoumou

# Histologie de l'embryogenèse précoce au sein du genre Phaseolus L.

## Etude histologique de l'embryogenèse précoce chez Phaseolus L.

Presses Académiques Francophones

**Mentions légales / Imprint (applicable pour l'Allemagne seulement / only for Germany)**
Information bibliographique publiée par la Deutsche Nationalbibliothek: La Deutsche Nationalbibliothek inscrit cette publication à la Deutsche Nationalbibliografie; des données bibliographiques détaillées sont disponibles sur internet à l'adresse http://dnb.d-nb.de.
Toutes marques et noms de produits mentionnés dans ce livre demeurent sous la protection des marques, des marques déposées et des brevets, et sont des marques ou des marques déposées de leurs détenteurs respectifs. L'utilisation des marques, noms de produits, noms communs, noms commerciaux, descriptions de produits, etc, même sans qu'ils soient mentionnés de façon particulière dans ce livre ne signifie en aucune façon que ces noms peuvent être utilisés sans restriction à l'égard de la législation pour la protection des marques et des marques déposées et pourraient donc être utilisés par quiconque.

Photo de la couverture: www.ingimage.com

Editeur: Presses Académiques Francophones est une marque déposée de Südwestdeutscher Verlag für Hochschulschriften GmbH & Co. KG
Heinrich-Böcking-Str. 6-8, 66121 Sarrebruck, Allemagne
Téléphone +49 681 37 20 271-1, Fax +49 681 37 20 271-0
Email: info@presses-academiques.com

Produit en Allemagne:
Schaltungsdienst Lange o.H.G., Berlin
Books on Demand GmbH, Norderstedt
Reha GmbH, Saarbrücken
Amazon Distribution GmbH, Leipzig
**ISBN: 978-3-8381-8954-3**

**Imprint (only for USA, GB)**
Bibliographic information published by the Deutsche Nationalbibliothek: The Deutsche Nationalbibliothek lists this publication in the Deutsche Nationalbibliografie; detailed bibliographic data are available in the Internet at http://dnb.d-nb.de.
Any brand names and product names mentioned in this book are subject to trademark, brand or patent protection and are trademarks or registered trademarks of their respective holders. The use of brand names, product names, common names, trade names, product descriptions etc. even without a particular marking in this works is in no way to be construed to mean that such names may be regarded as unrestricted in respect of trademark and brand protection legislation and could thus be used by anyone.

Cover image: www.ingimage.com

Publisher: Presses Académiques Francophones is an imprint of the publishing house Südwestdeutscher Verlag für Hochschulschriften GmbH & Co. KG
Heinrich-Böcking-Str. 6-8, 66121 Saarbrücken, Germany
Phone +49 681 37 20 271-1, Fax +49 681 37 20 271-0
Email: info@presses-academiques.com

Printed in the U.S.A.
Printed in the U.K. by (see last page)
**ISBN: 978-3-8381-8954-3**

COMMUNAUTE FRANCAISE DE BELGIQUE

ACADEMIE UNIVERSITAIRE WALLONIE-EUROPE

FACULTE UNIVERSITAIRE DES SCIENCES AGRONOMIQUES DE GEMBLOUX

# Étude histologique de l'embryogenèse chez *Phaseolus coccineus* L. et *P. vulgaris* L. et chez les hybrides réciproques entre ces deux espèces

## Pamphile NGUEMA NDOUTOUMOU

Dissertation originale présentée en vue de l'obtention du grade
de docteur en sciences agronomiques et ingénierie biologique

Promoteur: Prof. J. P. BAUDOIN

2007

NGUEMA NDOUTOUMOU PAMPHILE (2007). Étude histologique de l'embryogenèse chez *Phaseolus coccineus* L. et *P. vulgaris* L. et chez les hybrides réciproques entre ces deux espèces.
Faculté Universitaire des Sciences Agronomiques de Gembloux (Belgique)
173 p., 25 tableaux, 48 figures, XXX planches.

**Résumé:**

Le haricot commun (*Phaseolus vulgaris* L.) est une légumineuse alimentaire néotropicale. Sa production est considérablement réduite par des contraintes biotiques et abiotiques. L'amélioration génétique de cette espèce nécessite l'exploitation de son pool génique ainsi que la création d'hybrides avec des espèces du pool génique secondaire, composé essentiellement de *P. coccineus* L. et *P. polyanthus* Grenm. Ces dernières se caractérisent par de nombreuses résistances aux maladies et ravageurs absentes ou faiblement représentées chez *P. vulgaris*. Cependant, un avortement massif des embryons hybrides est observé à tous les stades de développement embryonnaire lorsque *P. coccineus* ou *P. polyanthus* sont pollinisés par *P. vulgaris*. Par contre, l'hybridation réciproque réussit mieux, mais avec un retour rapide vers le parent maternel.

Nous avons noté un nombre important d'avortements lorsque les cultivars des deux espèces sont croisés, notamment quand *P. coccineus* est le parent femelle. Les fréquences d'avortement les plus élevées sont observées entre 5 et 6 jours après la pollinisation.

Des coupes histologiques réalisées en résine HEMA sur des embryons parentaux et hybrides, âgés de 3 à 14 jours après la pollinisation, ont permis de suivre la dynamique de l'embryogenèse pour connaître les causes d'avortement d'embryons hybrides et expliquer l'incompatibilité post-zygotique entre *P. coccineus* (♀) et *P. vulgaris*.

Les embryons de *P. vulgaris* se développent plus rapidement par rapport à ceux de *P. coccineus* et des hybrides réciproques. La différence de vitesse de développement des embryons autofécondés des deux espèces est confirmée par la modélisation de leur croissance en longueur. Cette modélisation n'a pas été possible pour les embryons hybrides *P. coccineus* (♀) x *P. vulgaris* en raison de l'hétérogénéité des valeurs moyennes des longueurs des embryons.

L'influence du parent maternel *P. coccineus* est visible sur les paramètres du suspenseur de l'embryon hybride dont le développement est considérablement limité au stade cordiforme. Les signes d'avortement d'embryons hybrides (*P. coccineus* (♀) x *P. vulgaris*) au niveau du tissu ovulaire concernent le retard de résorption du nucelle, la prolifération et l'épaississement de l'endothélium et l'absence de cellules de transfert au voisinage de l'embryon. Le retard de la division de l'albumen ou du développement de l'embryon, l'hypertrophie du suspenseur, l'étranglement de la jonction entre le suspenseur et l'embryon proprement dit et les défauts cotylédonaires sont des signes caractéristiques de l'avortement chez ces embryons. Une compétition entre l'albumen et l'embryon d'une part, et entre le suspenseur et l'embryon d'autre part, conduirait à des difficultés d'alimentation du jeune embryon. Cela explique les retards observés dans le développement des embryons hybrides et subséquemment les avortements réguliers des embryons hybrides *P. coccineus* (♀) x *P. vulgaris*.

Une analyse de coupes histologiques transversales suivie de la modélisation de la croissance des autres structures embryonnaires parentales et hybrides est nécessaire pour compléter la connaissance de l'incompatibilité post-zygotique au sein du genre *Phaseolus* L.

Nguema Ndoutoumou Pamphile (2007). Histological study of *Phaseolus coccineus* L. and *P. vulgaris* L. embryogenesis and at the reciprocal hybrids between the two species. Gembloux (Belgium) Gembloux Agricultural University
173 p., 25 tables, 48 figures, XXX plates.

**Summary:**

The common bean (*Phaseolus vulgaris* L.) is a tropical food legume. Its production is reduced by biotic and abiotic constraints. The genetic improvement of this specie requires the exploitation of its gene pool and the creation of hybrids with species of the secondary gene pool, mainly composed by *P. coccineus* L. and *P. polyanthus* Greenm. These two species are characterized by resistance to pests and diseases poorly or not represented in *P. vulgaris*. Nevertheless, a high rate of aborted hybrid embryos is observed at all the developmental stages of embryos when *P. coccineus* or *P. polyanthus* is pollinated by *P. vulgaris*. Reciprocal hybridization is easier to obtain, but with a quick reversal toward the maternal parent in the next generations.

We noted a high number of embryo abortions when the cultivars of the two species are crossed, mostly when *P. coccineus* is the maternal parent. The highest frequencies of abortion are observed between 5 and 6 days after pollination.

Histological sections in resin HEMA on parental and hybrid embryos, old from 3 to 14 days after pollination, were made to follow embryogenesis dynamics, to identify the causes of embryo abortion and to explain the post-zygotic incompatibility between *P. coccineus* (♀) and *P. vulgaris*.

*P. vulgaris* embryos develop more quickly compared to those of *P. coccineus* and the reciprocal hybrids. The difference in development rate of the self-pollinated embryos of the two species is confirmed by modeling their growth according to embryo length. This modeling could not be applied for the hybrid embryos *P. coccineus* (♀) x *P. vulgaris* because of the heterogeneity in the average length values of the embryos.

The influence of the maternal parent *P. coccineus* is obvious on the suspensor parameters of hybrid embryos whose development is limited considerably at the heart-shaped stage. The signs of hybrid embryos abortion (*P. coccineus* (♀) x *P. vulgaris*) at the level of ovule tissue concern the delay of the nucellus degeneration, the proliferation and thickening of the endothelium and the lack of transfer cells near the embryo. The delay in the endosperm division or in the embryo development, the suspensor hypertrophy, the strangling of the junction between the suspensor and the embryo proper and the cotyledon abnormalities are characteristic signs of these embryo abortion. A competition between the endosperm and the embryo on the one hand, and between the suspensor and the embryo on the other hand, would lead to difficulties in feeding young embryo. This explains delays in the development of the hybrid embryos and subsequently the regular abortions of the hybrid embryos *P. coccineus* (♀) x *P. vulgaris*.

An analysis of transverse histological sections followed by the modeling of the growth of the other parental and hybrid embryo structures is necessary to improve our knowledge about the post-zygotic incompatibility within *Phaseolus* L.

*"Si le chercheur allait à son travail sans aucune opinion préconçue, comment serait-il capable de choisir ces faits, parmi l'immense abondance de l'expérience la plus complexe, et seulement ces faits qui sont assez simples pour permettre que les connexions aux règles soit évidentes ?"*

**Albert Einstein**

## PRODUCTIONS SCIENTIFIQUES DANS LE CADRE DE CE DOCTORAT

### 1. Publications dans une revue avec comité de lecture

**Nguema Ndoutoumou P.**, Toussaint A. & Baudoin J. P. Embryogenèse précoce comparative lors des croisements entre *Phaseolus coccineus* L. et *Phaseolus vulgaris* L. **Biotechnologies Agronomie, Sociétés & Environnement. (Sous presse)**.

**Nguema Ndoutoumou P.**, Toussaint A. & Baudoin J. P. Embryo abortion and histological features in the cross between *Phaseolus vulgaris* L. and *P. coccineus* L. **Plant Cell, Tissue & Organ Culture** 88: 329-332.

**Nguema Ndoutoumou P.**, Malice M., Toussaint A. & Baudoin J. P. Développement d'embryons zygotiques hybrides entre un cultivar (NI637) de *Phaseolus vulgaris* L. et un génotype sauvage (NI1108) de *P. coccineus* L. **The Belgian Journal of Botany. (Soumis)**.

### En préparation

**Nguema Ndoutoumou P.**, Toussaint A. & Baudoin J. P. Caractérisation histologique des embryons en cours d'avortement dans les croisements au sein du genre *Phaseolus* L.

**Nguema Ndoutoumou P.**, Brostaux Y., Toussaint A. & Baudoin J. P. Modélisation de la croissance des embryons autofécondés des espèces *P. vulgaris* L. et *P. coccineus* L.

**Nguema Ndoutoumou P.**, Toussaint A. & Baudoin J. P. Embryogenèse des angiospermes: exemple de deux espèces du genre *Phaseolus* L. **(Synthèse bibliographique)**.

**Nguema Ndoutoumou P.**, Toussaint A. & Baudoin J. P. Étude et analyse des barrières d'incompatibilité au sein du genre *Phaseolus* L. **(Synthèse bibliographique)**.

### 2. Actes de colloque sous forme de posters

**Nguema Ndoutoumou P.**, Toussaint A. & Baudoin J. P. (2004). Étude histologique du développement d'embryons issus du croisement *Phaseolus vulgaris* L. x *P. coccineus* L. *In :* Actes des IX[èmes] Journées Scientifiques du Réseau "Biotechnologies végétales : amélioration des plantes et sécurité alimentaire", 4-7 octobre 2004. Ed. Gumedzoe Y. M. D., Agence Universitaire de la Francophonie, Lomé (Togo) : 89-92.

**Nguema Ndoutoumou P.**, Toussaint A. & Baudoin J. P. (2006). Embryo development in *Phaseolus vulgaris* L. (cultivar), *P. coccineus* L. (wild form) and hybrids between the two species. *In*: 20th Anniversary meeting of the Belgian Plant Tissue Culture group "Tissue culture – Facing the Future", 26th October 2006. Ed. Druart P., BPTCG, Gembloux (Belgium): 5.

### En préparation

Nzungize Ruzagara J., **Nguema Ndoutoumou P.**, Toussaint A. & Baudoin J. P. Hybridations interspécifiques *Phaseolus coccineus* L. x *Phaseolus vulgaris* L.: disjonction du caractère "coloration de la fleur" des hybrides F$_2$.

# REMERCIEMENTS

Je remercie l'État gabonais qui m'a permis d'accomplir ces recherches. Il m'a encouragé, sans détour, dans mes efforts de perfectionnement scientifique. J'exprime également ma reconnaissance à travers ces lignes à l'Etat belge qui m'a accueilli favorablement.

Les autorités académiques et administratives de la Faculté universitaire des Sciences agronomiques de Gembloux ainsi que l'ensemble du personnel de l'unité de Phytotechnie tropicale et Horticulture voudront bien trouver ici, ma profonde gratitude à leur endroit. J'adresse mes remerciements à André Théwis pour m'avoir fait l'honneur et le plaisir de présider mon jury.

Je suis très reconnaissant envers Jean Pierre Baudoin qui m'a fait confiance, il va bientôt y avoir cinq ans, en me choisissant pour effectuer ce travail de bénédictin comme il le disait gentiment, de temps en temps. Je le remercie vivement, avec André Toussaint, d'avoir encadré cette thèse et d'avoir mis à ma disposition et sans réserve les moyens nécessaires à son aboutissement. Je remercie spécialement Pascal Geerts d'avoir accepté de participer au jury de cette thèse. J'ai apprécié ses commentaires et ceux de André Toussaint sur le mémoire de thèse. J'exprime aussi ma gratitude à Guy Mergai, Patrick Du Jardin et Hugo Magein pour l'encadrement de ma thèse.

Merci à Edward Charles Yeung de l'Université de Calgary (Canada) de m'avoir orienté, malgré la distance pour la concrétisation de cette thèse. Je suis reconnaissant à Yves Brostaux pour sa disponibilité et ses conseils avisés au niveau expérimental et statistique. J'exprime toute ma gratitude à Didier Leurquin pour son suivi pratique, technique et l'ambiance bon enfant entretenue tout au long de mes recherches. Christian Higuet, Luc Bolyn, Claude Mandelaire et Gaétan Rochaz s'ajoutent à cette liste.

J'associe à mes remerciements Colette Zeches, Marie Malice, Valérie Jaumin, Isabelle Cellier, ainsi que Martine Ongenaert. Elles ont apporté leur savoir-faire et leur bonne humeur dans la préparation et la réalisation des tâches variées : administrative, humaine et sociale dans une atmosphère toujours conviviale durant de longs mois de travail.

Merci à tous mes collègues de Masuku pour leur sympathie, en particulier, tous ceux qui m'ont apporté leur soutien scientifique et psychologique. Merci aux amis qui m'ont encouragé et aux collègues de l'Unité. Je pense notamment à Daouda Kouadio, Olivier Konan Nguessan, Silué Souleymane et Djibril Sarr.

Enfin et avant tout, un très grand merci à ma famille notamment mon épouse Olga Rose, qui m'a toujours soutenu malgré mes choix souvent difficiles. Un merci chaleureux à Wylma et à la dernière-née, Marie Chloé, qui ne se doute pas encore à quel point elle m'a supporté…

i

**LISTE DES ABREVIATIONS**

CIAT: Centro Internacional de Agricultura Tropical

cv: cultivar

HEMA: 2-Hydroxyethyl Methacrylate

JAP: jour après pollinisation

PC: *Phaseolus coccineus*

PV: *Phaseolus vulgaris*

sv: forme biologique sauvage

t/ha: tonnes par hectare

TUNEL: Terminal deoxyribnucleotidyl transferase-mediated d'UTP-fluorescein nick end labelling

μm: micromètre

cordiforme jeune. Vers le micropyle (mic), le suspenseur (sus) est filiforme. L'albumen (alb) est en contact avec l'embryon proprement dit et le corps du suspenseur. Des cellules albuminées se développent le long de la paroi endothéliale (end) dans le sac embryonnaire (sac) (Photo : P. Nguema).

**Figure 28.** Coupe longitudinale axiale dans un ovule montrant un embryon *P. coccineus* (♀) x

*P. vulgaris* (NI16 x X707) âgé de 7 JAP. L'embryon a atteint le stade globulaire tardif mais il n'est pas entouré de cellules de transfert devant favoriser le passage des éléments nutritifs de la paroi endothéliale (end) vers l'embryon proprement dit (emb) ou le suspenseur (sus). Cet embryon est ainsi condamné à s'approvisionner uniquement à partir de l'albumen (alb) se trouvant à son contact dans le sac embryonnaire (sac) (Photo: P. Nguema). 127

proprement dit (emb) et le suspenseur sont situés sur un même axe qui ne laisse pas apparaître de clivage entre les deux structures. L'albumen (alb) est cellularisé dans le sac embryonnaire (sac). Vers 9 JAP, l'embryon atteint le stade cordiforme (**Photo 19**), puis il atteint le stade cotylédonaire à 10 JAP (**Photo 20**). Les ébauches de cotylédons (cot) se forment. L'albumen cellulaire est de moins en moins visible au voisinage de l'embryon proprement dit. Par contre les cellules basales du suspenseur sont légèrement hypertrophiées par rapport à celles de l'embryon. Les cellules de transfert (*) sont visibles dans l'ovule contenant l'embryon cotylédonaire (Photos: P. Nguema).                               79

**Planche IX.** Coupes longitudinales médianes des ovules de *P. vulgaris* montrant des embryons autofécondés des génotypes NI637 (**Photo 21**) et X707 (**Photo 22**). À 3 JAP, les embryons (emb) ont atteint le stade de développement globulaire. Du côté micropylaire (mic), la base du suspenseur (sus) est effilée et peu développée. Une masse de cellules d'albumen (alb) borde l'embryon dans le sac embryonnaire (sac) et s'étire vers le nucelle (nuc). La formation de l'albumen cellulaire se fait par une libre croissance, le long de la paroi interne de l'endothélium (end) (Photos: P. Nguema).                               81

**Planche X.** Coupes longitudinales médianes des ovules de *P. vulgaris* montrant des embryons autofécondés des génotypes NI637 (**Photo 23**) et X707 (**Photo 24**). Vers 4 JAP les embryons (emb) ont atteint le stade de développement globulaire âgé. La base du suspenseur (sus) est composée de cellules de grande taille, vers le micropyle (mic). Elle est bien délimitée par rapport au corps du suspenseur qui est restée filiforme. Les cellules de transfert (*) bordent le corps du suspenseur. Elles séparent l'endothélium (end) du corps du suspenseur et s'étalent jusqu'à l'albumen cellulaire (alb), dans le sac embryonnaire (sac) (Photos: P. Nguema).                               82

**Planche XI.** Coupes longitudinales médianes des ovules de *P. vulgaris* montrant des embryons du génotype NI637. **Photo 25:** À 6 JAP, l'embryon a atteint le stade cordiforme. **Photo 26:** Vers 8 JAP, il atteint le stade de développement cotylédonaire jeune. Les cellules de l'albumen (alb) deviennent moins abondantes dans le sac embryonnaire (sac). L'initiation des ébauches cotylédonaires (cot) a débuté. On voit mieux les cellules de transfert (*) de part et d'autre du suspenseur (sus), en contact avec l'endothélium (end). Le suspenseur est filiforme vers le micropyle (mic). **Photo 27:** L'embryon atteint le stade cotylédonaire à 10 JAP. L'albumen cellulaire a disparu pour la constitution des réserves de la future plantule. Les cotylédons occupent un grand espace dans le sac embryonnaire. Il ne reste que quelques cellules du nucelle (nuc) résorbé du côté chalazien (cha). Le suspenseur est plus petit que l'embryon proprement dit (Photos: P. Nguema).                               83

**Planche XII.** Coupes longitudinales médianes dans les ovules de *P. vulgaris* contenant des embryons du génotype X707. L'embryon atteint le stade cordiforme jeune vers 6 JAP (**Photo 28**). Les cellules de l'albumen (alb) sont résorbées progressivement à l'intérieur du sac embryonnaire (sac). Les cellules de transfert (*) se répartissent de part et d'autre du suspenseur (sus), en contact avec l'endothélium (end). Du côté micropylaire (mic), elles longent le corps du suspenseur et sont également en contact avec l'embryon proprement dit (emb). Le suspenseur est filiforme et volumineux chez ce génotype. Les embryons âgés de 8 et 10 JAP ont respectivement atteint les stades cotylédonaires jeune (**Photo 29**) et tardif (**Photo 30**). Les cotylédons (cot) envahissent la cavité du sac embryonnaire. Le suspenseur est de petite taille, comparé aux cotylédons. (Photos: P. Nguema).                               84

**Planche XIII.** Coupes longitudinales axiales dans des ovules montrant des embryons *P. coccineus* (NI16) x *P. vulgaris* (NI637), âgés de 4 JAP. Le côté micropylaire (mic) se trouve au bas de chaque image. Les embryons ont atteint le stade globulaire jeune. L'endothélium (end) est épais et le sac embryonnaire (sac) paraît énorme. L'albumen (alb) est encore coenocytique. L'embryon (emb) est au contact de l'endothélium. Le suspenseur (sus), dans le croisement NI16 (♀) x NI637 (**Photo 31**), présente des cellules plus imposantes que dans le croisement réciproque (**Photo 32**). Dans cette dernière combinaison, la résorption du nucelle (nuc) est retardée. Celui-ci dispose encore de cellules bien développées au contact du sac embryonnaire (Photos: P. Nguema).                               95

*P. coccineus* (NI16) x *P. vulgaris* (X707), âgés de 5 JAP. L'embryon hybride NI16 (♀) x X707 (**Photo 45**) a grossi latéralement. Du côté micropylaire (mic), le suspenseur (sus) a doublé de taille par rapport à l'embryon hybride X707 (♀) x NI16 (**Photo 46**). Une traînée de cellules d'albumen (alb) sépare le sac embryonnaire de l'embryon proprement dit (emb). La présence de cellules intensément nucléées dans la cavité du sac embryonnaire (sac) traduit le développement de l'albumen. Les embryons ont tous atteint le stade globulaire. La présence de cellules de transfert (*) entre l'embryon et l'endothélium (end) est visible (Photos: P. Nguema).                103

**Planche XXI.** Coupes longitudinales axiales dans des ovules contenant des embryons *P. coccineus* (NI16) x *P. vulgaris* (X707), âgés de 6 JAP. Les embryons n'ont pas beaucoup évolué. Ils sont toujours globulaires tardifs dans le croisement NI16 (♀) x X707 (**Photo 47**). Le suspenseur (sus) est bien développé du côté micropylaire (mic) et les invaginations (↓) de ses cellules basales dans le tégument sont visibles. La couche de cellules de transfert (*) s'est épaissie entre l'embryon et l'endothélium (end) lorsqu'ils ont atteint le stade cordiforme jeune comme c'est le cas dans la combinaison génotypique X707 (♀) x NI16 (**Photo 48**). Il n'existe pas de grande différence dans le développement entre les deux croisements. Dans les deux cas, une couche d'albumen (alb) sépare l'embryon proprement dit (emb) et le sac embryonnaire (sac) (Photos: P. Nguema).                104

**Planche XXII.** Coupes longitudinales des ovules contenant des embryons *P. coccineus* (NI16) x *P. vulgaris* (X707), âgés de 8 JAP. **Photo 49:** L'embryon de la combinaison génotypique NI16 (♀) x X707 a atteint le stade cordiforme. Une masse importante d'albumen cellulaire (alb) est encore présente dans le sac embryonnaire (sac). Le suspenseur (sus) a considérablement pris du volume vers le micropyle (mic), contrairement à l'embryon proprement dit (emb). **Photo 50:** Dans le croisement X707 (♀) x NI16, l'embryon est au stade de développement cotylédonaire jeune. Chez les deux types d'embryons, on voit les globules d'amidon (↓) intensément colorés au bleu de toluidine, dans les téguments interne et externe (Ti et Te) de l'ovule (Photos: P. Nguema).                105

**Planche XXIII.** Coupes longitudinales dans des ovules contenant des embryons *P. coccineus* (NI16) x *P. vulgaris* (X707), âgés de 10 JAP. Les embryons non atteint le stade cotylédonaire jeune dans la combinaison génotypique NI16 (♀) x X707 (**Photo 51**). Très peu d'albumen reste encore visible au voisinage des cotylédons (cot), à l'intérieur du sac embryonnaire (sac). La forme hypertrophiée du suspenseur (S) persiste chez cet embryon. Les cotylédons commencent à se déployer. Dans le croisement X707 (♀) x NI16 (**Photo 52**), l'embryon a atteint le stade cotylédonaire âgé. Le suspenseur est filiforme du côté micropylaire (mic). Les cotylédons envahissent l'intérieur du sac embryonnaire (sac). Les cellules de transfert (*) ont proliféré et les grains d'amidon (↓) sont de plus en plus visibles dans les téguments (Photos: P. Nguema).                106

**Planche XXIV.** Coupes longitudinales dans des ovules de *P. coccineus* x *P. vulgaris*. **Photo 53:** Ovule hybride, NI16 (♀) x NI637, montrant un endothélium (end) malformé et hypertrophié (↓) du côté chalazien (cha), à proximité du nucelle (nuc). **Photo 54:** Ovule hybride, NI16 (♀) x X707, montrant la prolifération (↓) de l'endothélium au cours des stades précoces de l'embryogenèse. La dégradation de l'endothélium se répand dans la cavité du sac embryonnaire (sac) et au voisinage du nucelle. Elle provoque la dégradation du nucelle (Photos: P. Nguema).                126

**Planche XXV.** Coupes longitudinales dans des ovules de *P. coccineus* (♀) x *P. vulgaris*. **Photo 55:** Ovule hybride de la combinaison NI16 x NI637, âgé de 7 JAP. On voit une énorme cellule d'albumen nucléaire (A) collée à l'endothélium (end) et persistante dans le sac embryonnaire (sac). Par contre du côté micropylaire (mic), il ne reste plus que les résidus issus de la dégradation de l'embryon (↓). L'albumen n'a pas pu se diviser, ni évoluer. Il a de ce fait occasionné l'arrêt du développement de l'embryon. **Photo 56:** Ovule hybride, NI16 (♀) x X707, âgé de 3 JAP, montrant l'albumen (↓) collé à l'endothélium. La division du zygote (Z) n'a pas encore eu lieu mais le développement de l'albumen devance celui de l'embryon. Les cellules d'albumen s'étirent jusqu'au côté micropylaire du nucelle (nuc). **Photo 57:** Ovule hybride, NI1108 (♀) x NI637, âgé de 3 JAP, montrant un proembryon (P) du côté micropylaire alors qu'il n'existe pas de traces d'albumen dans le sac embryonnaire. Les structures maternelles tel que l'endothélium et le nucelle (nuc) du côté chalazien (cha) affichent une organisation post-zygotique normale (Photos: P. Nguema). 129

**Planche XXVI.** Coupes longitudinales dans des ovules de *P. coccineus* (NI16 (♀)) x *P. vulgaris* (NI637), âgés de 5 JAP. Le côté micropylaire (mic) est indiqué au bas de l'image. **Photo 58:** La première division du zygote n'a pas eu lieu; on aperçoit encore les restes cellulaires du proembryon (*). La résorption des cellules (↓) du nucelle (nuc) ne s'est pas poursuivie. **Photo 59:** Le développement de l'embryon (E) est arrêté. Le nucelle se désorganise. L'endothélium (end) s'épaissit et la membrane du sac embryonnaire (sac) est collée à l'endothélium (Photos: P. Nguema). 132

**Planche XXVII.** Coupes longitudinales dans des ovules de *P. coccineus* (NI16 (♀)) x *P. vulgaris* (X707), âgés de 4 JAP. Le côté micropylaire (mic) est indiqué au bas de l'image. **Photo 60:** Les cellules nucellaires (nuc) sont intactes. Les restes de l'embryon dépéri (↓) sont visibles dans le sac embryonnaire (sac) et l'endothélium (end) est épais. **Photo 61:** L'embryon (emb) est rabougri. Le suspenseur n'est pas bien différencié de l'embryon proprement dit. Les cellules d'albumen sont visibles le long des parois de l'endothélium (Photos: P. Nguema). 133

**Planche XXVIII.** Coupes longitudinales dans des ovules de *P. coccineus* (NI1108 (♀)) x *P. vulgaris* (NI637). Le côté micropylaire (mic) est indiqué au bas de l'image. **Photo 62:** L'embryon est âgé de 4 JAP. Il est malformé. Les cellules prolifèrent de façon anarchique au sommet de l'embryon proprement dit (emb). L'albumen (alb) est développé dans le sac embryonnaire (sac). **Photo 63:** L'embryon est âgé de 6 JAP. L'embryon proprement dit (emb) est peu développé contrairement à l'albumen (alb) et aux cellules suspensoriales (sus) (Photos: P. Nguema). 134

**Planche XXIX.** Coupes longitudinales dans des ovules de *P. coccineus* x *P. vulgaris*. Le côté micropylaire (mic) est indiqué au bas de chaque image. **Photo 64:** Embryon de NI16 (♀) x NI637 âgé de 8 JAP. Les cellules basales (cbs) du suspenseur (sus) sont grandes par rapport aux cellules de l'embryon proprement dit (emb), en contact avec l'albumen (alb). **Photo 65:** Embryon de NI16 (♀) x X707 âgé de 8 JAP. Des invaginations (↓) de l'énorme base du suspenseur sont visibles (Photos: P. Nguema). 137

**Planche XXX.** Coupes longitudinales dans des ovules de *P. coccineus* x *P. vulgaris*. Le côté micropylaire (mic) est indiqué au bas de chaque image. **Photo 66:** Embryon de NI16 (♀) x X707 âgé de 9 JAP. Les cellules basales (cbs) du suspenseur sont énormes et il existe un étranglement (↓) dans sa jonction avec le reste du suspenseur. **Photo 67:** Embryon de NI1108 (♀) x NI637 âgé de 11 JAP. Les cellules basales du suspenseur (sus) sont hypertrophiées par rapport au reste des cellules constituant le suspenseur et l'embryon proprement dit (emb) (Photos: P. Nguema). 138

# INTRODUCTION

L'amélioration des plantes peut être perçue comme l'application de principes génétiques en vue de produire des plantes plus utiles à l'homme. Un programme de sélection de plantes repose sur la richesse génétique des collections et la capacité d'introgresser a priori les caractères utiles dans les cultivars à valeur économique ou commerciale appréciable (Debouck, 1999). Baudoin (1992) précise qu'il s'agit de la recherche de meilleures voies permettant de réaliser, à partir d'une constitution imparfaite, une structure génétique adaptée aux critères et aux besoins des populations humaines.

Les hybridations interspécifiques sont intéressantes en ce sens qu'elles offrent des possibilités de créer une large variabilité génotypique renfermant plusieurs caractères de l'espèce receveuse, le ou les caractères de l'espèce donneuse et parfois de nouveaux caractères inattendus (Katanga, 1989). L'introduction de caractères utiles, absents ou faiblement exprimés dans le pool génique primaire de l'espèce cultivée, est l'objet essentiel d'un programme d'hybridation interspécifique (Baudoin, 1992). L'obtention d'une plus grande variabilité génétique offre des perspectives originales en amélioration végétale lors des hybridations. Cependant, seulement un nombre limité d'espèces et très peu de genres se prêtent aux hybridations.

Les légumineuses vivrières du genre *Phaseolus* L. peuvent être améliorées en exploitant soit le pool génique primaire de l'espèce, soit la variabilité génétique disponible chez d'autres espèces. En effet, Comeau & Jahier (1995) pensent que, quel que soit le stress ou la maladie, il existe presque toujours des espèces sauvages ou apparentées plus résistantes que les espèces cultivées. Aussi, les exemples d'utilisation des espèces sauvages ou apparentées à des fins d'amélioration sont-ils de plus en plus courants. Cette pratique a notamment été appuyée par le progrès des méthodes de sauvetage d'embryons qui ont facilité les croisements interspécifiques, bien que cette technique ne soit pas toujours nécessaire pour exploiter la diversité génétique disponible au sein des collections végétales (Hoover *et al.*, 1985; Sabja *et al.*, 1990).

Pour améliorer la résistance du haricot commun (*Phaseolus vulgaris* L.) aux contraintes biotiques (maladies et ravageurs) et abiotiques (pauvreté des sols, basses températures, etc.), l'hybridation interspécifique avec des espèces du pool génique secondaire du genre est utile. En effet, ce pool génique regorge d'espèces offrant des caractères de résistance ou de tolérance aux pestes et stress physiques, utiles à *P. vulgaris*. Deux espèces sont particulièrement utilisées dans cette optique: *Phaseolus coccineus* L. et *P. polyanthus* Grenm.

De nombreux croisements interspécifiques ont ainsi été réalisés entre le haricot commun (*Phaseolus vulgaris*) et ces espèces (*P. coccineus* et *P. polyanthus*) qui lui sont phylogénétiquement proches (Maréchal & Baudoin, 1978 ; Shii *et al.*, 1982 ; Baudoin *et al.*, 1985 et 1992 ; Camarena & Baudoin, 1987 ; Lecomte, 1997; Geerts, 2001). Ils ont abouti à l'obtention de plantes hybrides. Un certain nombre de barrières dues aux incompatibilités génétiques entre espèces a été recensé lors de ces croisements (Al-yasiri & Coyne, 1966 ; Smartt, 1970 ; Le Marchand *et al.*, 1976 ; Alvarez *et al.*, 1981; Bannerot, 1983; Prendota *et al.*, 1982 ; Weilenmann de Tau *et al.*, 1987 ; Katanga, 1989 ; Mejia-Jimenez *et al.*, 1994; Baudoin *et al.* 1995 ; Debouck & Smartt, 1995 ; Lecomte, 1997; Geerts, 2001).

Les croisements *P. vulgaris* (♀) x *P. coccineus* ou *P. polyanthus* sont assez faciles à réaliser, mais on note des difficultés de maintenir au cours des générations les caractères introgressés dans ce sens du croisement. Par contre, les croisements entre *P. coccineus* ou *P. polyanthus* (♀) x *P. vulgaris* sont difficiles à réaliser, mais ils présentent de meilleures chances d'introgression de caractères. Cela justifie des efforts de recherche sur l'hybridation *P. coccineus* ou *P. polyanthus* (♀) x *P. vulgaris*.

La difficulté d'obtenir une graine bien formée est systématique lorsqu'on utilise le cytoplasme de *P. coccineus* et/ou de *P. polyanthus*. Si on obtient une graine hybride, souvent la plante qui en résulte révèle une meilleure fertilité par rapport aux génotypes parentaux (Baudoin, 1994).

Cependant, ces croisements aboutissent de manière systématique à l'avortement d'embryons aux stades précoces de leur développement, de l'étape pré-globulaire à l'étape cordiforme. Les barrières d'incompatibilité sont donc essentiellement post-zygotiques (Camarena, 1988 ; Katanga, 1989 ; Lecomte, 1997 ; Mergeai *et al.*, 1997 ; Baudoin, 2001; Geerts, 2001; Toussaint *et al.*, 2002) au sein du genre *Phaseolus*.

Ces avortements se produisent pour des raisons liées au mauvais fonctionnement de l'albumen, ou du suspenseur et/ou des tissus maternels entravant l'alimentation de l'embryon et le maintien d'un équilibre minéral et hormonal nécessaire au métabolisme de l'embryogenèse (Baudoin, 2001).

Les mécanismes conduisant à l'avortement de ces embryons hybrides et les méthodes adéquates pour surmonter les incompatibilités interspécifiques doivent encore faire l'objet de recherches approfondies. Les principales transformations subies, du point de vue histologique, par les embryons hybrides *P. coccineus* (♀) x *P. vulgaris* constituent une voie non négligeable pour la compréhension de la dynamique de l'embryogenèse précoce au sein du genre *Phaseolus*.

3

C'est dans cette optique que nous avons entrepris le présent travail dont la première partie récapitule les avancées scientifiques concernant l'amélioration génétique du haricot commun (*Phaseolus vulgaris*) et les acquis de la recherche sur l'embryogenèse des angiospermes. Puis elle établit un lien entre ces deux composantes et resitue le contexte de la production de haricots secs dans le monde. Enfin, le recours aux hybridations interspécifiques entre *P. vulgaris* et *P. coccineus* est exposé et justifié au regard des connaissances actuelles. Un bref aperçu est également porté sur l'outil mathématique de modélisation des courbes de croissance dans le monde biologique. Il permet de prévoir la croissance en longueur des embryons autofécondés et hybrides.

La deuxième partie précise les choix relatifs au matériel végétal et aux techniques de base ayant permis de suivre les hybridations entre *P. vulgaris* et *P. coccineus* ainsi que l'étude histologique des embryons parentaux et hybrides réciproques. Cela vise à mettre en évidence les principales différences entre ces deux catégories d'embryons lors de leur développement. Les mécanismes conduisant à l'avortement des embryons hybrides seront caractérisés. Cette partie du travail relate aussi les méthodes statistiques ayant permis de suivre d'une part, l'évolution des embryons, et d'autre part, d'estimer les écarts de développement observés entre les différents types d'embryons. Le choix porté sur un modèle mathématique de croissance en longueur des embryons est enfin développé et justifié.

La troisième partie expose les résultats les plus significatifs auxquels nous sommes parvenus. Elle précise les taux d'obtention des gousses matures obtenues suite aux hybridations réciproques entre *P. vulgaris* et *P. coccineus*. Les moments de fréquences élevées d'avortement d'embryons sont repérés et les délais pour le sauvetage des embryons hybrides *P. coccineus* (♀) x *P. vulgaris* sont suggérés. Elle porte ensuite sur l'évolution des principales structures embryonnaires (suspenseur et embryon proprement dit) et ovulaires (endothélium, nucelle) en fonction du génotype, de la combinaison génotypique et du nombre de jours après pollinisation (JAP). Les principaux signes caractéristiques du tissu maternel et des embryons hybrides avortés ou en cours d'avortement sont également exposés. Les courbes de croissance en longueur des embryons autofécondés sont modélisées dans l'optique de simuler ultérieurement le développement des embryons hybrides. Le calcul des valeurs de variables caractéristiques fournies par le modèle permet de comparer la croissance en longueur des embryons d'un génotype à l'autre.

Tous ces résultats sont tour à tour discutés, puis confrontés à ceux relatés soit au sein du genre *Phaseolus*, soit chez d'autres genres végétaux.

4

L'ultime partie de ce travail rappelle les résultats et principales conclusions. Elle s'ouvre sur les perspectives de poursuite et des progrès à réaliser pour l'amélioration génétique du haricot commun.

PARTIE I

ETAT DES CONNAISSANCES

**Chapitre 1. GENERALITES SUR LE HARICOT COMMUN**

Le mot «haricot» désigne à la fois le fruit, la graine et la plante elle-même. C'est une légumineuse alimentaire d'origine tropicale et subtropicale.

**1.1   Taxonomie**

Selon Baudet & Maréchal (1976), Baudet (1977), Maréchal *et al.* (1978) et Schmit (1992), le genre *Phaseolus* appartient au grand groupe des *Eukaryota*, au règne des *Viridiplantae*, l'embranchement des *Embryophyta*, sous-classe des *Rosidae*, l'ordre des *Fabales*, la famille des *Fabaceae* et la sous-famille des *Papilionoideae*. La synthèse bibliographique de Schmit (1992) sur les travaux de Verdcourt (1984) et Debouck (1986 & 1992) a permis de mieux apprécier la position taxonomique de *Phaseolus*. Les dernières mises à jour de Debouck & Smartt (1995) et Debouck (2000) présentent la position taxonomique de *Phaseolus* comme le montre la **Figure 1**.

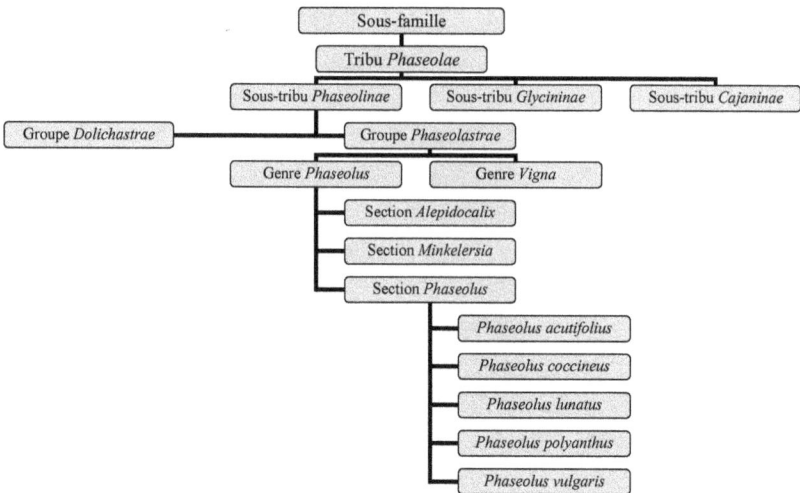

**Figure 1.** Position taxonomique du genre *Phaseolus.*

La section *Phaseolus* comprend cinq espèces domestiquées : *Phaseolus acutifolius* A. Gray, *P. coccineus* Lam., *P. lunatus* Linn, *P. polyanthus* Greenman. et *P. vulgaris* Linn.

La **Figure 2** montre l'organisation génétique du genre *Phaseolus*, selon Debouck & Smartt (1995).

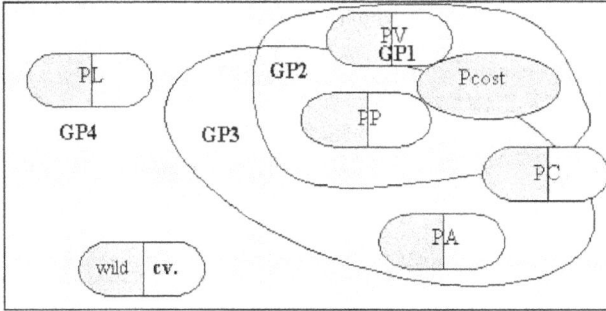

**Figure 2.** Représentation schématique des différents pools géniques (GP) des cinq espèces cultivées de *Phaseolus*, en rapport avec le haricot commun. Chaque espèce comprend des cultivars (cv) et les formes sauvages, à l'exception de *P. costaricensis* L. (Pcost) qui comporte uniquement des formes sauvages. PA = *P. acutifolius*, PC = *P. coccineus*, PL = *P. lunatus*, PP = *P. polyanthus*, PV = *P. vulgaris*. Source: adapté de Geerts (2001).

De nombreux travaux ont été menés par Maréchal (1971), Smartt (1981), Baudoin & Maréchal (1991), Baudoin *et al.* (1995), Debouck (1999), Villalobos *et al.* (2001) et Sicard *et al.* (2005) sur la taxonomie et la biotaxonomie du genre *Phaseolus*. Il ressort comme le montre la **Figure 2** qu'il existe des affinités entre le haricot commun (*P. vulgaris*) et d'autres espèces cultivées du genre *Phaseolus*, notamment *P. coccineus*, *P. costaricensis* et *P. polyanthus*. L'évaluation des distances taxonomiques a permis de rassembler dans un grand groupe les espèces *P. vulgaris* (GP1) et *P. costaricensis*, *P. polyanthus* ainsi que *P. coccineus* (GP2). À l'opposé, un quatrième pool génique (GP4) constitué de *P. lunatus* est fort éloigné du premier pôle. Enfin, *P. acutifolius* appartenant au troisième pool (GP3) occupe une position intermédiaire beaucoup plus proche de *P. vulgaris* que de *P. lunatus*.

Des 200 espèces appartenant au genre *Phaseolus* recensées au départ par Verdcourt (1984), Debouck (1999) en a rattaché un grand nombre au genre *Vigna* L. pour finalement retenir 56 espèces après plusieurs révisions taxonomiques. Dans toute la tribu, le nombre chromosomique est $2n = 22$, sauf une espèce à $2n = 20$. Seulement quatre espèces du genre *Phaseolus* ont un intérêt agricole. Il s'agit de *P. acutifolius*, *P. coccineus*, *P. lunatus* et *P. vulgaris*. À cela s'ajoute l'espèce *P. polyanthus (darwinianus* ou *flavescens),* à germination épigée, intermédiaire entre *P. vulgaris* et *P. coccineus* et qui, longtemps, a été considérée comme une sous-espèce de *P. coccineus*.

8

Le haricot commun (*Phaseolus vulgaris*) est l'espèce la plus importante économiquement, utilisée tant pour l'alimentation humaine directe que pour l'alimentation animale. Il est certainement l'une des légumineuses vivrières les plus présentes dans l'alimentation des habitants de l'Amérique Latine (Angeles, 1986) et de la région des Grands Lacs en Afrique (Godderis, 1995). La production mondiale de haricot est majoritairement composée de *P. vulgaris* (Le bulletin bimensuel, 2006).

**1.2  Origine, dispersion et domestication**

La **Figure 3** montre les régions d'origine du haricot commun ainsi que sa dispersion dans le monde.

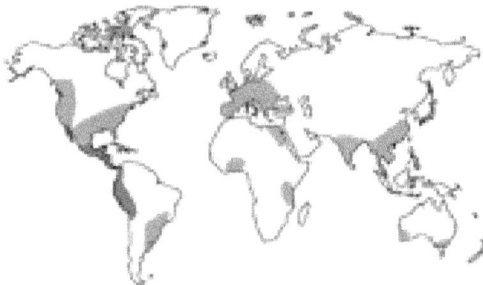

Zone d'origine: ■ Zone de culture: ▨

**Figure 3.** Origine et zones de culture du haricot commun dans le monde.
Source : http://www.mpiz-koeln.mpg.de

Selon Schmit *et al.* (1996) et Kaplan & Lynch (1999), le haricot était à l'origine cultivé par les tribus indiennes du Mexique et du Pérou, il y a environ 7000 ans. Graduellement, la culture s'est répandue à travers l'Amérique suite aux migrations des Indiens de sorte que, par la suite, les explorateurs espagnols des XV$^{ème}$ et XVI$^{ème}$ siècles retrouvèrent cette plante dans toute l'Amérique Latine, et les colons anglais la retrouvèrent sur la côte atlantique de l'Amérique au XVII$^{ème}$ siècle. Les haricots et leur culture se sont répandus en Afrique, en Asie et en Europe au début du XVII$^{ème}$ siècle grâce aux explorateurs espagnols et portugais. En Europe, cette plante fut d'abord cultivée pour ses grains. Le haricot vert frais ne fut consommé qu'à partir de la fin du XIX$^{ème}$ siècle, en Italie.

Les analyses génétiques et cytogénétiques ainsi que les études de biologie moléculaire récentes (Baudoin & Maréchal, 1991; Baudoin & Maquet, 1999; Baudoin *et al.*, 2001; Freytag & Debouck, 2002) démontrent que les espèces *Phaseolus coccineus, P. polyanthus et*

*P. vulgaris* ont probablement évolué à partir d'un ancêtre commun, car elles sont génétiquement proches. Par contre, *P. lunatus* est une espèce distincte dont la distance génétique est éloignée de ces autres espèces.

Schmit *et al.* (1996) et Kaplan & Lynch (1999) situent la domestication du haricot commun en Amérique centrale et dans les régions intra-montagneuses du Pérou à 4400 ans avant Jésus-Christ et dans les régions côtières du Pérou à environs 2400 ans de la même ère.

Les analyses électrophorétiques de protéines des cotylédons (phaséolines) effectuées par Gepts (1993), Debouck (2000) et Rodiño *et al.* (2001) appuient les observations de Evans (1976) sur l'hypothèse d'une domestication indépendante de cette espèce dans les deux régions. Il est démontré que les phaséolines provenant des graines des variétés cultivées, originaires d'Amérique centrale, sont du même type que celles retrouvées dans les formes spontanées de cette région, mais elles sont différentes des phaséolines des plantes de l'Amérique du Sud.

Les découvertes archéologiques en Amérique centrale suggèrent une domestication plus récente de *P. lunatus* par rapport au haricot commun. Selon Schmit *et al.* (1996) et Kaplan & Lynch (1999), l'hypothèse d'une domestication indépendante du haricot de Lima (Gepts, 1993) dans les deux régions est appuyée par de meilleures preuves par rapport à celles établies pour le haricot commun. Les formes spontanées et cultivées du haricot de Lima de l'Amérique centrale sont morphologiquement différentes (petites graines) de celles de l'Amérique du Sud (grandes graines). Un certain degré de différenciation génétique existe entre les formes mésoaméricaines et les formes andines. En outre, les hybrides intraspécifiques issus de leur croisement présentent un taux élevé d'infertilité.

La **Figure 4** localise les sites de domestication des espèces *Phaseolus acutifolius,* *P. coccineus* et *P. lunatus.*

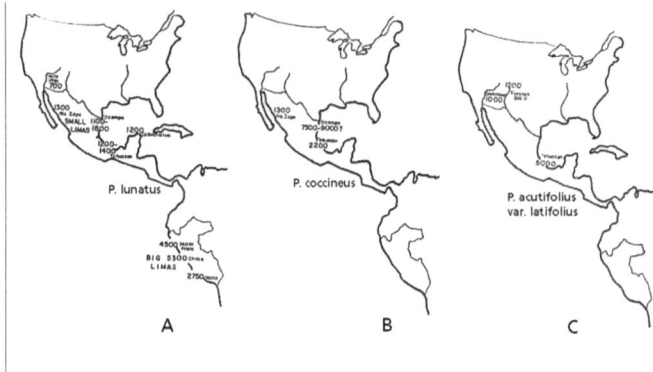

**Figure 4.** Les dates archéologiques les plus anciennes indiquant la présence de formes cultivées de *Phaseolus lunatus* (**A**), de *Phaseolus coccineus* (**B**) et de *Phaseolus acutifolius* var. *latifolius* (**C**). La domestication du haricot de Lima a eu lieu en Amérique du Sud et dans la région méso-américaine, alors que pour les deux autres espèces, la domestication s'est effectuée exclusivement dans la région méso-américaine. Les dates sont en années avant Jésus-Christ. Source: modifié de Kaplan (1981).

*Phaseolus coccineus* et *P. acutifolius* sont originaires d'Amérique centrale. Les données archéologiques, bien que beaucoup moins abondantes que pour le haricot commun et le haricot de Lima, suggèrent que la domestication de *P. coccineus* est aussi ancienne que celle du haricot commun et remonterait à environ 7 500 années avant notre ère (Kaplan, 1981).

## 1.3 Intérêt du haricot commun

L'utilisation des haricots pour l'alimentation reflète la très grande variabilité des gousses et graines que l'on retrouve chez le haricot commun. Les gousses de haricot peuvent être consommées à l'état immature et même partiellement cuites (haricots verts). Dans les pays tropicaux, en raison des problèmes de conservation, la consommation courante du haricot se fait essentiellement à base des graines matures et séchées devant être cuites.

Selon Serre (2007), il existe de nombreuses variétés de haricots présentant des propriétés organoleptiques diverses. La valeur nutritive du haricot commun est moindre que celle du soja mais elle équivaut à celle des autres légumineuses à graine. Au niveau diététique, le haricot frais, cru ou cuit, est une bonne source de potassium et d'acide folique; il contient de la vitamine C, du magnésium, de la thiamine, du fer, de la vitamine A et de la niacine ainsi que des traces de cuivre, phosphore et calcium. Le haricot frais est diurétique, dépuratif, tonique et

11

anti-infectieux. À l'état sec, le haricot fournit à des proportions variables les mêmes nutriments à l'organisme.

Le haricot commun, en tant que légumineuse, exerce une influence très favorable sur la fertilité des sols grâce à la symbiose fixatrice d'azote avec des souches bactériennes du sol, du genre *Rhizobium*. Il joue par conséquent un rôle primordial dans la rotation des cultures et constitue une composante essentielle des systèmes culturaux sous les tropiques.

Au niveau social et économique, le haricot est un aliment très répandu dans les régions tropicales et subtropicales. Il fournit des protéines végétales en l'absence de source protéinique animale dans de nombreux pays en développement. Il s'insère dans le système agraire de ces régions en devenant dans certains cas la principale culture.

**1.4   Problèmes de production du haricot commun**

La nature vivrière de la culture du haricot entraîne une imprécision des statistiques de production de cette spéculation. On fait état d'une production mondiale de 27,2 millions de tonnes pour une surface de 24 millions d'hectares (Le bulletin bimensuel, 2002). Les rendements en Europe et aux USA sont de l'ordre de 1 à 2 t/ha. Par contre, ces rendements ne dépassent guère 0,5 t/ha dans les régions productrices du reste du monde (Afrique tropicale, Amérique centrale et Amérique du Sud), selon Baudoin *et al.* (1995).

D'après les statistiques fournies par Le bulletin bimensuel, les haricots (*Phaseolus* spp.) arrivent en troisième place en 2006, après le soja et l'arachide, parmi les légumineuses produites pour l'alimentation humaine. En se basant sur la production mondiale totale de haricots secs, le haricot commun est l'espèce du genre la plus utilisée dans toutes les régions du monde avec une production d'environ 13 millions de tonnes. La production du haricot de Lima, beaucoup plus restreinte que celle du haricot commun, est estimée à environ 3,3 millions de tonnes.

Selon le Bulletin bimensuel (2006), la production mondiale de haricots secs a fluctué au cours des dix dernières années, mais la tendance est légèrement à la hausse. Pendant cette période, la production a évolué de 16 millions de tonnes en 1998-1999 à 19,2 millions de tonnes au cours de la campagne 2002-2003. Les cinq principaux pays producteurs sont le Brésil, l'Inde, la Chine, le Myanmar (ou Birmanie) et le Mexique. Ils se partagent 79 % des exportations mondiales. L'évolution de la production mondiale des haricots de 2002 à 2006 est récapitulée au **Tableau 1**.

**Tableau 1.** Évolution de la production mondiale des haricots (Le Bulletin bimensuel, 2006).

| Pays producteurs | Production mondiale des haricots secs (en milliers de tonnes) | | | | |
|---|---|---|---|---|---|
| | 2002-2003 | 2003-2004 | 2004-2005 | 2005-2006 | 2006-2007 (p) |
| États-unis | 1334 | 1001 | 780 | 1166 | 1022 |
| Canada | 414 | 356 | 220 | 324 | 363 |
| Mexique | 1527 | 1281 | 1219 | 866 | 1250 |
| Brésil | 3064 | 3302 | 2965 | 3076 | 3000 |
| Argentine | 278 | 216 | 130 | 171 | 170 |
| Inde | 2610 | 2341 | 3171 | 2660 | 2800 |
| Chine | 2058 | 2080 | 1858 | 2109 | 1950 |
| Myanmar | 1527 | 1538 | 1550 | 1550 | 1550 |
| Indonésie | 335 | 310 | 310 | 310 | 310 |
| Afrique | 2853 | 2778 | 2712 | 2783 | 2700 |
| Autre | 3218 | 3287 | 3393 | 3357 | 3356 |
| **Monde** | **19218** | **18490** | **18308** | **18372** | **18471** |

(p = prévisions).

Le **Tableau 2** reprend les principales maladies du haricot commun et leurs agents pathogènes.

**Tableau 2.** Principales maladies du haricot commun et leurs agents pathogènes.

| Nature de la maladie | Nom de la maladie | Agent pathogène |
|---|---|---|
| Fongique | Anthracnose | *Colletotrichum lindemuthianum* (Sacc. et Magn.) Bri. & Cav. |
| | Fusariose | *Fusarium solani* (Mart). Sacc. *Pythium* sp. *Rhizoctonia* sp. |
| | Pourriture grise | *Botrytis cinerea* Pers. |
| | Pourriture blanche | *Sclerotinia sclerotium* (Lib.) de Bary |
| Virale | Mosaïque commune (Black-Root) | Virus 1 |
| | Mosaïque jaune | Virus 2 |
| | Mosaïque du concombre | Peanut stunt |
| Bactérienne | Tâches aréolées | *Pseudomonas syringae* var. *phaseolicola* (Burkh.) |
| | Brûlure commune | *Xanthomonas campestris* pv. *phaseoli* (Smith) Dye |

*Phaseolus vulgaris* s'adapte à de nombreuses zones agro-climatiques et sa culture se caractérise très souvent par des rendements faibles et instables (Baudoin, 2001). La production de haricot est limitée par des facteurs biotiques (maladies, ravageurs) et abiotiques (froid, sols pauvres, etc.). Des maladies connues du haricot commun ont été répertoriées par Schmit & Baudoin (1992), Godderis (1995) et Busogoro (1998). D'autres maladies, telles que la rouille, la graisse commune, les tâches anguleuses des feuilles, l'ascochytose et la mosaïque dorée du haricot entraînent des pertes importantes de production dans les régions tropicales (Godderis, 1995; Schwartz & Galvez, 1980). Pour surmonter ces obstacles liés à la sensibilité du haricot commun aux maladies et ravageurs, d'une part, et aux contraintes abiotiques, d'autre part, l'amélioration génétique du haricot commun doit être envisagée au départ des collections variétales très larges, englobant des formes sauvages et cultivées de l'espèce étudiée ou des espèces apparentées.

**Chapitre 2.** AMELIORATION DU HARICOT COMMUN

## 2.1 Introduction

Les programmes d'amélioration ont souvent visé la productivité des plantes vivrières et des systèmes de production dans lesquels elles s'intègrent. Dans ce contexte, les légumineuses alimentaires occupent une part importante des travaux accomplis dans des domaines aussi divers que la phytotechnie, la phytopathologie, la génétique, l'entomologie, la physiologie, la nutrition et la sélection variétale. Elles constituent un apport important et peu coûteux en protéines (18 à 30% de la graine sèche) (Baudoin, 2001). Pour cette famille de plantes, il existe d'importantes difficultés inhérentes à la modeste place qu'elles occupent dans les systèmes culturaux traditionnels tropicaux, d'une part, et au niveau faible et instable de leurs rendements par unité d'efforts, ainsi qu'à leur grande sensibilité aux facteurs biotiques et abiotiques, d'autre part (Baudoin *et al.*, 1995 & 1998).

La variabilité phénotypique à l'intérieur de l'espèce *P. vulgaris* est importante. Elle s'explique par l'expression de certains caractères discriminants tel que le port des plantes, la forme et la taille des graines et gousses et la couleur des fleurs. Le haricot étant abondamment sélectionné, il existe de nombreuses collections dans le monde. La plus importante est détenue par le CIAT. Cependant, les caractères de résistance ou de tolérance aux facteurs biotiques et abiotiques sont absents ou faiblement exprimés au sein du pool génique de *P. vulgaris*.

Les hybridations interspécifiques apparaissent ainsi comme une voie intéressante pour l'amélioration génétique du haricot commun. D'après la synthèse bibliographique de Debouck (1999), de nombreux croisements effectués entre *Phaseolus vulgaris* et les autres espèces du genre *Phaseolus* (Smartt, 1970; Lecomte, 1997) sont peu utilisés en sélection. Des hybrides ont malgré tout été obtenus directement entre *P. vulgaris* et *P. coccineus* ou *P. polyanthus* (Camarena & Baudoin, 1987; Baudoin, 1981; Baudoin *et al.*, 1995). Des descendances hybrides ont aussi été obtenues par le CIAT entre *P. vulgaris* et *P. acutifolius*, puis par Baudoin *et al.* (1995) entre *P. vulgaris* et *P. lunatus*. Lecomte (1997) et Geerts (2001) n'ont pas obtenu d'hybrides viables entre *P. polyanthus* (♀) et *P. vulgaris*. Silué *et al.* (2004) ont réussi difficilement l'hybridation entre deux génotypes sauvages de *P. coccineus* (♀) et *P. vulgaris*.

Les premiers essais de croisements entre *P. vulgaris* et *P. coccineus* remontent à l'année 1866, selon Debouck (1999). Ces croisements ont été fréquemment effectués pour des objectifs variés, tel que le développement de plantes ornementales, le transfert de gènes de résistance aux maladies et l'augmentation des rendements. Malgré tous ces travaux, la création de cultivars commerciaux n'a jamais eu lieu (Singh & Muñoz, 1999).

**2.2 Amélioration de *P. vulgaris* par hybridations interspécifiques**

Il est utile de recourir aux hybridations interspécifiques pour l'amélioration génétique du haricot commun. Cependant, les croisements réalisés au sein du complexe *P. vulgaris – P. polyanthus – P coccineus* ont révélé des barrières d'incompatibilité essentiellement post-zygotiques (Baudoin *et al.*, 2004) limitant le taux de réussite des dits croisements (Debouck & Smartt, 1995). Les symptômes diffèrent selon les espèces et les formes biologiques croisées (Geerts, 2001).

Lorsque *P. polyanthus* est pollinisé par *P. vulgaris*, les croisements aboutissent souvent à l'avortement d'embryons au stade précoce de l'embryogenèse en raison d'un développement incohérent entre l'embryon et l'albumen (Russell, 1993; Lecomte *et al.*, 1998; Olsen *et al.*, 1999; Geerts *et al.*, 2002). L'observation des coupes histologiques d'ovules hybrides de *P. polyanthus* x *P. vulgaris* a permis à Lecomte (1997) et Geerts (2001) de mieux comprendre le développement ovulaire et embryonnaire chez ces hybrides. Ces auteurs ont identifié les principales causes de l'avortement et ils ont suggéré les étapes de développement au cours desquelles les embryons interspécifiques pourraient être sauvés. Des barrières alimentaires précoces dans ces croisements sont liées à un développement déficient de l'albumen. Les signes d'avortement d'embryons hybrides se caractérisent entre autres par un développement incohérent de l'albumen, la prolifération de l'endothélium, une dégénération du nucelle et l'hypertrophie des éléments vasculaires du tissu maternel.

Lors des croisements *P. coccineus* (♀) x *P. vulgaris*, le développement anormal de l'albumen et la demande importante de nutriments par des embryons présentant un suspenseur massif seraient responsables des cas d'avortement observés (Smartt *et al.*, 1974; Bannerot, 1979; Ockendon *et al.*, 1982; Perata *et al.*, 1990; Yeung & Meinke, 1993; Pullman & Buchanan, 2003). Ces auteurs pensent également que de nombreux gènes sont impliqués dans les barrières reproductives entre ces deux espèces, et l'appariement des chromosomes n'était pas parfait (Maréchal, 1971; Cheng *et al.*, 1981; Shii *et al.*, 1982; Guo *et al.* 1991 & 1994). Ces avortements d'embryons hybrides s'initient, en général, bien avant le stade cotylédonaire (Sallandrouze *et al.*, 2002). Dans le tissu maternel et quel que soit le stade de développement de l'embryon (Shii *et al.*, 1982; Sage & Webster, 1990; Geerts, 2001), l'amidon est réduit (Chamberlin *et al.*, 1994), les cellules tégumentaires et nucellaires se vacuolisent et les parois des cellules des couches moyennes des téguments sont déformées ou altérées (Lecomte *et al.*,

1998). Cela conduit très souvent à la formation d'embryons anormaux (Pullman & Buchanan, 2003). Les interactions entre l'embryon, l'albumen et le tissu maternel impliquées dans la croissance de l'embryon seraient la principale cause des défauts observés sur les embryons dans les générations ultérieures (Dasgupta *et al.*, 1982; Camarena, 1988; Lecomte, 1997).

### 2.2.1 Intérêt de *P. coccineus* dans l'amélioration de *P. vulgaris*

Selon le concept de Harlan & de Wet (1971), l'hybridation entre les espèces *P. coccineus* et *P. vulgaris* est parfaitement possible nonobstant les barrières qui pourraient subsister dans l'aboutissement des croisements.

En outre, *Phaseolus coccineus* est susceptible à très peu d'agents pathogènes parmi lesquels on peut citer *Arabis mosaic nepovirus*, *Bean common mosaic potyvirus* et *Bean golden mosaic bigeminivirus* (Obando *et al.*, 1990 & 1990; Schmit & Baudoin, 1992; Busogoro, 1998; Singh & Muñoz, 1999). Il est résistant ou tolérant à de nombreux agents ennemis de la culture du haricot commun. Il dispose de ce fait de gènes susceptibles d'être introgressés à *P. vulgaris* en vue d'améliorer la résistance ou tolérance de ce dernier aux maladies, insectes et stress abiotiques.

Le **Tableau 3** répertorie les principales maladies et les insectes ravageurs du haricot commun pour lesquels les sources de résistances ont été identifiées dans son pool génique secondaire (*P. coccineus* et *P. polyanthus*).

**Tableau 3.** Principaux ennemis du haricot commun dont les résistances sont connues dans le pool génique secondaire.

| Nature de l'ennemi | Ennemi et/ou agent causal |
|---|---|
| **Virale** | Virus de la mosaïque dorée du haricot (BGMV) |
| | Mosaïque du concombre (CMV) |
| **Fongique** | Ascochytose due à *Phoma exigua* var. *diversispora* (Bub.) Boerma |
| | Anthracnose due à *Colletotrichum linemuthianum* (Sacc. et Magn.) Bri. et Cav. |
| **Bactérienne** | Maladie des taches anguleuses due à *Phaseoisariopsis griseola* (Sacc.) Ferraris |
| **Insectes** | Mouche du haricot, *Ophiomyia phaseoli* Tryon, *O. spencerella* Greatheab. |
| | Jassides *Empoasca kraemeri* Ross & Moore |

Adapté de Busogoro *et al.* (1999) et Baudoin (2001).

Ces résistances ont été confirmées par des tests d'inoculation artificielle réalisés en champ et en laboratoire par Baudoin (1992) et Schmit & Baudoin (1992).

L'action de ces maladies et ravageurs combinée aux conditions pédo-climatiques défavorables limite grandement la production du haricot commun dans les régions tropicales et sub-tropicales. Pour cela, créer puis mettre des variétés résistantes ou tolérantes aux pestes et stress abiotiques à la disposition des paysans constitue une préoccupation importante pour les améliorateurs.

### 2.2.2 Croisements *P. vulgaris* (♀) x *P. coccineus*

Les croisements *P. vulgaris* (♀) x *P. coccineus* réussissent facilement lorsqu'on utilise des génotypes sauvages des deux espèces (Baudoin & Maréchal, 1991; Baudoin *et al.*, 1995). Lors de ces croisements, les embryons sont en général normaux et les graines arrivent aisément à maturité. La descendance hybride en $F_1$ est importante mais ce sont souvent des sujets stériles et/ou déséquilibrés.

Ils présentent en outre une grande variabilité d'expression phénotypique en $F_2$, avec des populations également déséquilibrées et une faible productivité en graines (Lecomte, 1997). Par la suite, on assiste à un retour rapide et marqué de la descendance vers le parent maternel *P. vulgaris* (Le Marchand *et al.*, 1976; Baudoin *et al.*, 1985).

### 2.2.3 Croisements *P. coccineus* (♀) x *P. vulgaris*

Il est difficile d'obtenir des plantes hybrides dans les croisements entre *P. coccineus* (♀) et *P. vulgaris* (Lecomte 1997; Geerts, 2001). Pour de nombreux auteurs (Shii *et al.*, 1982; Baudoin *et al.*, 2004), les croisements effectués entre *P. vulgaris* et *P. coccineus,* dans les deux sens, révèlent des incompatibilités au niveau post-zygotique. Les barrières pré-zygotiques sont peu fréquentes et de ce fait, leur importance reste négligeable.

Malgré la difficulté d'obtenir des hybrides entre *P. coccineus* (♀) et *P. vulgaris,* on observe cependant que l'utilisation du cytoplasme de *P. coccineus* favorise la transmission des caractères (Lecomte, 1997; Silué *et al.*, 2004). Pour réussir l'hybride, la culture *in vitro* est le moyen recommandé pour sauver les embryons cotylédonaires (Camarena, 1988), cordiformes ou globulaires (Lecomte, 1997 ; Mergeai *et al.*, 1997 et Geerts, 2001), car les avortements surviennent plus ou moins rapidement et à tous les stades de développement de l'embryon, selon les combinaisons génotypiques.

Le **Tableau 4** reprend les combinaisons interspécifiques ayant été obtenues à Gembloux entre *P. vulgaris* et *P. coccineus* (♀). Si certains génotypes parentaux utilisés dans ces croisements ont manifesté une bonne aptitude à la combinaison, ce n'est pas en général le cas pour l'ensemble des génotypes d'une même espèce.

17

**Tableau 4.** Combinaisons hybrides obtenues à Gembloux entre *P. vulgaris* et *P. coccineus* (♀).

| Combinaisons interspécifiques (*P. coccineus* (♀) x *P. vulgaris*) | Références |
|---|---|
| *P. coccineus* subsp. *P. coccineus* (cv) x *P. vulgaris* (cv) | Baudoin *et al.* (1985) |
| *P. coccineus* subsp. *purpurascens* (sv) x *P. vulgaris* (cv) | Baudoin *et al.* (1985) |
| *P. coccineus* (cv) x *P. vulgaris* (sv) | Baudoin *et al.* (2004) |
| *P. coccineus* (sv) x *P. vulgaris* (sv) | Silué *et al.* (2004) |

cv = cultivar;   sv = forme sauvage

Lors des croisements *P. coccineus* (♀) x *P. vulgaris*, on remarque depuis la $F_1$ une bonne production de graines et une fertilité pollinique élevée. Le nombre d'individus déséquilibrés est limité (Lecomte, 1997). Une meilleure compatibilité existe entre les formes sauvages de *P. coccineus* et les cultivars de *P. vulgaris* (Debouck & Smartt, 1995). Dans les générations ultérieures, le retour vers *P. vulgaris* est peu marqué. C'est une voie possible d'obtention d'hybrides, avec en cas de besoin le recours au sauvetage d'embryons.

## 2.3 Conclusion

L'amélioration génétique du haricot commun (*P. vulgaris*) par des hybridations interspécifiques s'explique par le fait que les caractères intéressants sont absents ou faiblement représentés au sein du pool génique de *P. vulgaris*. Le pool génique secondaire composé essentiellement de *P. coccineus* et *P. polyanthus* constitue un réservoir important de gènes pouvant aboutir à des combinaisons nouvelles pour des descendances futures.

Chez *Phaseolus*, les croisements se soldent souvent par un échec lorsque *P. vulgaris* est pollinisateur (Shii *et al.*, 1982; Lecomte, 1997; Geerts, 2001) alors que dans le croisement réciproque, le retour à la forme du parent *P. vulgaris* se fait rapidement dans les générations ultérieures. Les barrières d'incompatibilité post-zygotiques se manifestant par des avortements hybrides *P. coccineus* (♀) x *P. vulgaris* sont surtout liées à un problème de nutrition. Le sauvetage des embryons par la culture *in vitro* est requis pour l'obtention de plantes hybrides viables dans ces croisements.

**Chapitre 3.** ÉTUDE DES BARRIERES D'INCOMPATIBILITE INTERSPECIFIQUE

### 3.1 Introduction

Dans le monde végétal, il est possible d'augmenter la variabilité disponible à l'intérieur des collections du patrimoine génétique. Cela peut favoriser l'introgression de caractères avantageux dans des cultivars à valeur économique ou commerciale appréciable, grâce aux hybridations (Debouck, 1999). Les techniques requises pour contourner les barrières naturelles de fertilité diffèrent selon le moment pendant lequel elles surviennent.

### 3.2 Manifestations des barrières d'incompatibilité interspécifique

Les incompatibilités se manifestant au cours du processus de pollinisation sont qualifiées de pré-zygotiques. Ces barrières également dites de pré-fécondation peuvent s'illustrer par une absence de germination du pollen sur le stigmate (Barone *et al.*, 1992; Echick, 2000; Kouadio *et al.*, 2006), un arrêt de croissance du tube pollinique dans le tissu stylaire (Lu & Lamikanra, 1996; Echick, 2000; Kaufmane & Rumpumen, 2002; Guéritaine *et al.*, 2003; Jansky, 2006), une incapacité du tube pollinique à pénétrer l'ovule (Echarte *et al.*, 1996; Chi, 2000; Fratini *et al.*, 2006) ou une absence de fusion des noyaux femelle et mâle (Comeau *et al.*, 1992; Hirose *et al.*, 1994; Comeau & Jahier, 1995; Wolf *et al.*, 2001; Vervaeke *et al.*, 2002; Al-Ahmad *et al.*, 2006).

Lorsque la pollinisation est achevée et que les incompatibilités surviennent pendant ou après la syngamie, les barrières sont dites de post-fécondation ou post-zygotiques (Comeau *et al.*, 1992). Celles-ci entraînent souvent l'arrêt du processus embryogénique et leurs causes peuvent avoir différentes origines.

L'action des gènes peut provoquer l'arrêt du développement de l'albumen ou sa dégénérescence peu de temps après la fécondation (Baudoin *et al.*, 2004; Silué *et al.*, 2004), privant ainsi le proembryon d'éléments nutritifs nécessaires à la survie (Mont *et al.*, 1993; Lecomte, 1997). La défaillance du fonctionnement du suspenseur est responsable de l'arrêt du développement de l'embryon avant celui de l'albumen, et cela provoque l'avortement de l'embryon (Brady & Combs, 1998; Yeung *et al.*, 2001; Tischner *et al.*, 2003) chez de nombreux genres végétaux, quel que soit le stade de développement atteint par l'embryon (Fernando & Cass, 1996; Geerts, 2001; Teixeira *et al.*, 2004).

Après l'obtention de la graine hybride, d'autres difficultés peuvent apparaître au sein des populations hybrides, notamment la stérilité des hybrides en $F_1$ ou en $F_2$, le déséquilibre dans la descendance, la transmission des caractères non désirés et le retour de la descendance à l'une des formes parentales dans les générations les plus avancées.

### 3.2.1 Incompatibilités au sein du genre *Phaseolus*

Au sein du genre *Phaseolus*, le stade particulier auquel aboutit le développement de l'embryon hybride dépend de la combinaison interspécifique, de la forme biologique des génotypes parentaux et du sens du croisement (Shii *et al.*, 1982; Bannerot, 1983; Mok *et al.*, 1986; Sabja *et al.*, 1990; Barone *et al.*, 1992; Mejia-Jimenez *et al.*, 1994; Geerts, 2001; Baudoin *et al.*, 2004).

L'utilisation du cytoplasme de *P. vulgaris* aboutit facilement à l'obtention de descendance hybride, quelle que soit la forme biologique des parents. Les jeunes embryons hybrides présentent un développement normal, voire plus rapide dans certains cas que celui des embryons des espèces parentales. Cependant, les hybrides manifestent une perte progressive des caractères du parent mâle dans des générations ultérieures.

Par contre, quand on croise *Phaseolus coccineus* (ou *P. polyanthus*) (♀) avec *P. vulgaris*, les avortements d'embryons hybrides sont fréquents dès l'étape pré-globulaire jusqu'au stade cotylédonaire (Haq *et al.*, 1980; Hoover *et al.*, 1985; Lecomte, 1997). La cause la plus probable de l'avortement des hybrides interspécifiques au sein du genre *Phaseolus* est attribuée à un développement retardé de l'albumen par rapport à l'embryon. Plusieurs auteurs l'ont reconnu (Dasgupta *et al.*, 1982; Yeung, 1990; Lecomte, 1997; Suhasini *et al.*, 1997; Brady & Combs, 1998; Sornsathapornkul & Owens, 1999). Cela résulterait des insuffisances alimentaires. À l'étape globulaire, le blocage peut être dû aux problèmes de développement de l'albumen ou de nutrition dans l'ovule; les mêmes processus peuvent se produire vers la fin de l'étape globulaire (Angeles, 1986; Mont *et al.*, 1993).

Le métabolisme hormonal influe aussi grandement sur le développement des embryons interspécifiques (Shii *et al.*, 1982; Hoover *et al.*, 1985; Toussaint *et al.*, 2002).

En dépit des barrières post-zygotiques, lorsqu'on croise *P. coccineus* ou *P. polyanthus* (♀) à *P. vulgaris*, il existe de meilleures possibilités d'expression et d'introgression des caractères par rapport aux croisements réciproques (Baudoin *et al.*, 1992 ; Baudoin, 2001).

Le sauvetage précoce des embryons hybrides via la culture *in vitro* apparaît ainsi indispensable pour surmonter les barrières limitant l'obtention d'hybrides au sein du genre *Phaseolus* (Alvarez *et al.*, 1981 ; Baudoin *et al.*, 1992 ; Mergeai *et al.*, 1997).

La technique développée et améliorée par de nombreux auteurs pour la culture d'embryons hybrides de *Phaseolus* se résume en trois étapes : l'extraction et transfert des embryons sur le milieu de culture *in vitro*, la stimulation de la croissance d'embryons sur un premier milieu et l'enracinement suivi du développement d'embryons sur un second milieu (Smith, 1973; Shii *et al.*, 1982; Chavez *et al.*, 1992; Mergeai *et al*, 1997 ; Lecomte *et al., 1998*; Geerts, 2001; Silué *et al.*, 2004).

Geerts (2001) a amélioré la technique de culture *in vitro* pour le sauvetage des embryons cordiformes jeunes de *P. polyanthus* et *P. vulgaris*. Il a ainsi permis une augmentation du taux de germination de 20%. Les embryons cultivés sur son milieu se sont bien développés et ont donné un nombre élevé de plantules d'aspect normal. Ce succès s'est limité aux embryons âgés de plus de 8 jours et ayant atteint le stade cordiforme.

Geerts *et al.* (2002) affirment que le développement des embryons chez *P. vulgaris* dépend en partie du gradient osmotique entre les jeunes graines en développement et les gousses (Yeung & Brown, 1982 ; Patrick, 1994). Au stade cotylédonaire, l'osmolarité est très élevée dans l'axe de l'embryon comme l'ont aussi observé Smith (1971) et Yeung & Brown (1982).

La culture de gousses semble appropriée pour le sauvetage d'embryons immatures et la survie des plantules hybrides du genre *Phaseolus* quand les embryons avortent aux stades très jeunes (Geerts, 2001). Il convient de signaler la difficulté d'extraire les embryons des ovules en raison de leur taille et fragilité.

**3.2.2 Cas des autres légumineuses**

Koudiao *et al.* (2006) ont identifié des incompatibilités entre le pollen et le stigmate d'une part et entre le pollen et le style d'autre part, lors des croisements entre *Vigna unguiculata* L. Walpers et *V. vexillata* (L.) A. Rich. Grâce à la culture *in vitro* d'embryons immatures, ces auteurs ont réussi à régénérer pour la première fois, une plante hybride dans cette combinaison interspécifique, contrairement à Barone *et al.* (1992).

Il existe également des incompatibilités entre *V. radiata* L. Wilczek ($\female$) et *V. mungo* L. Hepper (Dana, 1968). Les graines produites sont ratatinées et donnent des plants à faible développement. Par contre, dans le croisement inverse, les graines sont totalement ou partiellement vides et ne germent pas (Lukoki, 1975). Lors de ces croisements, le pourcentage d'avortement d'embryons est très élevé (Lukoki & Maréchal, 1981). L'utilisation de *V. mungo* comme parent récurrent dans le cas de croisements successifs limite ces avortements massifs, mais on assiste assez tôt à un retour aux formes parentales.

Le **Tableau 5** reprend des exemples de croisements interspécifiques réalisés chez des légumineuses à graines, ainsi que les méthodes ayant permis d'obtenir des plantes hybrides.

**Tableau 5.** Croisements chez les genres *Cicer* L., *Arachis* L., *Cajanus* DC. et *Vigna* L.

| Genre | Croisements incompatibles | Nature de l'incompatibilité | Moyen ayant permis de contourner la barrière | Sources |
|---|---|---|---|---|
| *Cicer* | Formes sauvages x cultivars | Avortement précoce d'embryons | Culture d'embryons | Sagare *et al.* (1995) Mallikarjuna (1999) |
| *Arachis* | *Arachis hypogea* L. (cv) x *A. villosa* Benth. (sg) | Avortement précoce d'embryons | Culture d'embryons | Bajaj *et al.* (1986) Vijaya-Laxmi & Giri (2003) |
| *Cajanus* | *Cajanus* spp (sv) x *C. cajanus* Millsp. *C. cajan* Millsp. x *C. reticulates* F. Muell. | Avortements d'embryons | Sauvetage d'embryons | Reddy *et al.* (2001) Mallikarjuna & Saxena (2002) |
| *Vigna* | *V. unguiculata* L. Walp. x *V. vexillata* L. A. Rich. *V. luteola* Benth. x *V. marina* Merrill. | Avortements d'embryons | Sauvetage d'embryons | Barone *et al.* (1992) Gomathinayagam *et al.* (1998) Kouadio *et al.* (2006) Palmer *et al.* (2002) |

cv = cultivar; sv = forme sauvage
Source: Adapté de Singh (1992), Baudoin *et al.* (1995) et Baudoin (2001).

Ces incompatibilités se manifestent généralement par l'avortement des embryons à des stades précoces de leur développement. La technique de sauvetage d'embryons par la culture *in vitro* est le moyen utilisé pour contourner ces barrières d'incompatibilité post-zygotiques.

### 3.3 Possibilités de surmonter les barrières d'incompatibilité

En hybridation interspécifique, des précautions sont requises pour s'assurer du succès du croisement. La première consiste à choisir des parents en fonction des distances génétiques, pour augmenter les chances d'obtention d'hybrides (Suzuki, 1995).

L'application des régulateurs de croissance aux pistils dans l'optique de retarder l'initiation de l'abscission des gousses est usuelle pour de nombreuses hybridations interspécifiques. Cette méthode a été utilisée avec succès par Mallikarjuna (1999) en croisant *Cicer arietinum* L. avec *C. pinnatifidum* L. L'obtention d'une plante hybride par Gupta *et al.* (2002) entre *Vigna mungo* (black gram) et *Vigna radiata* (green gram) a été favorisée par le traitement de pistils à l'aide de l'acide gibbérellique (GA3), 24 à 48 heures après pollinisation.

Les techniques de dédoublement somatique de chromosomes (polyploïdisation mitotique) permettent de produire des hybrides diploïdes fertiles (Tuyl *et al.*, 2002; Raven *et al.*, 2003). Le rôle de la polyploïdie est important dans l'évolution des plantes supérieures. En effet, le déroulement régulier de la méiose des espèces allopolyploïdes (i.e. celles qui contiennent un jeu complet des chromosomes hérités d'au moins deux espèces distinctes mais apparentées) implique que l'appariement et la recombinaison entre chromosomes homologues (provenant de chaque parent) soient contrôlés de façon précise pour éviter une mauvaise ségrégation des chromosomes (Jenczewski *et al.*, 2003; Jenczewski & Alix, 2004).

Lorsque les croisements interspécifiques ne réussissent pas facilement et que les barrières d'incompatibilités sont essentiellement post-zygotiques, le recours aux techniques de sauvetage des embryons par la culture *in vitro* devient une étape logique. En général, les embryons sont extraits des ovaires ou des ovules. Dans certains cas, il n'est pas facile de le faire. Le sauvetage d'embryons à ce moment passe par la culture préalable d'une partie ou d'ovules entiers et/ou d'ovaires les contenant (Sharma *et al.*, 1996). C'est le cas chez *Brassica* spp. (Bajaj *et al.*, 1986), *Gossypium* spp. (Stewart, 1981), *Helianthus* L. (Sukno *et al.*, 1999; Weber *et al.*, 2000), *Nicotiana* L. (Al-Ahmad *et al.*, 2006) et *Vitis* L. (Luo *et al.*, 2000). La culture d'une moitié d'ovaire en présence d'anthères dans le milieu de culture est requise pour le sauvetage d'embryons immatures dans le genre *Lillium* L., car cela permet à l'embryon de bénéficier des conditions artificielles du milieu sans être totalement séparé des structures maternelles (Tuyl *et al.*, 1991 & 2002).

Le sauvetage d'embryons permet de produire des hybrides intergénériques et interspécifiques (Comeau *et al.*, 1992 ; Sharma *et al.*, 1996). Il est couramment utilisé lorsque l'albumen dégénère rapidement et afin d'éviter la mort de l'embryon (Comeau & Jahier, 1995). Il faut pour cela tenir compte des propriétés de l'albumen (sa composition, la cinétique de son développement, son aptitude à synthétiser les nutriments et à les rendre disponibles pour l'embryon, etc.).

Pour un sauvetage direct de l'embryon, celui-ci est excisé puis transféré sur un milieu nutritif gélosé. De façon générale, la méthode a évolué par la mise au point de milieux plus efficaces et adaptés aux besoins spécifiques des embryons en tenant compte de leur stade de développement et des espèces croisées.

Le sauvetage indirect d'embryons implique des étapes supplémentaires *in vitro*. Ainsi, la culture d'ovaires (Lecomte *et al.*, 1998 ; Geerts *et al.*, 2002), d'ovules (Comeau *et al.*, 1992), des épillets (Mathias & Boyd, 1988) et la callogenèse du petit embryon suivie de régénération (Comeau *et al.*, 1992) sont des méthodes indirectes plus coûteuses en temps mais quelquefois indispensables. Les résultats diffèrent d'un genre à un autre, et d'un croisement interspécifique à un autre.

La culture *in vitro* peut permettre la survie du zygote hybride jusqu'au stade adulte dans les cas d'échecs liés au développement du zygote dans la structure maternelle (exemple des retards dans l'initiation de l'albumen ou dans les divisions embryonnaires). Ainsi, le

23

sauvetage d'embryons est prometteur pour réaliser des croisements, obtenir des plantes à partir d'embryons immatures et raccourcir le cycle de culture (Mathias *et al.*, 1990).

Cette technique est beaucoup utilisée comme outil de sauvetage d'embryons immatures, susceptibles d'évoluer dans un environnement où l'albumen serait défaillant. Au regard de la petite taille de l'embryon, il est donc indispensable d'optimiser les composantes du milieu de culture. De nombreux exemples de sauvetage d'embryons via la culture *in vitro* existent dans le monde végétal. Le **Tableau 6** reprend un certain nombre d'exemples de réussite de cette technique.

**Tableau 6:** Exemples de réussite de sauvetage d'embryons pour contourner des incompatibilités post-zygotiques dans les croisements interspécifiques.

| Genres | Croisements | Manifestation de l'incompatibilité | Source |
|---|---|---|---|
| *Eucalyptus* L. | *E. macrocarpa* Hook. x (*E. youngiana* F. Muell. ou *E. pyriformis* Turcz.) | Avortement d'embryons | Delaporte *et al.* (2001) |
| *Helianthus* L. | *H. giganteus* Louleiro x *H. annuus* L. | Avortement d'embryons | Suckno *et al.* (1999) Faure *et al.* (2002) |
| *Cuphea* L. | *C. paucipetala* S. A. Graham x *C. laminuligera* Koeh. | Avortement d'embryons | Mathias *et al.* (1990) |
| *Oryza* L. | *O. sativa* L. x *O. minuta* J. S. Presl. (ou *O. officinalis* Wall.) | Embryons anormaux puis avortement d'embryons | Rodrangboon *et al.* (2002) |
| *Fagopyrum* Hill. | *F. esculentum* Moench x *F. zuogongense* Q. F. Chen | Avortement d'embryons ou graines stériles et anormales | Chen (1999) |
| *Cucumis* L. | *C. sativus* L. x *C. hystrix* Charkr | Avortement embryons, graines stériles et déséquilibrées | Chen *et al.* (2002) |

Le développement de la culture *in vitro* s'est étendue à de nombreux types d'explants végétaux. La culture des cals embryogéniques (Chen, 1999) constitue aussi un moyen efficace pour contourner les barrières d'incompatibilité post-zygotiques, lorsqu'elles sont très fortes.

La fusion des protoplastes peut enfin contribuer à l'élargissement des potentialités de l'hybridation interspécifique et offrir de nouvelles perspectives. Ces produits appelés "cybrides" correspondent à des cytoplasmes hybrides interspécifiques ou intergénériques (Demol, 2002; Yamagishi *et al.*, 2002).

**3.4 Conclusion**

Les hybridations interspécifiques contribuent à augmenter la diversité génétique des plantes. Il est nécessaire pour l'améliorateur de disposer du maximum possible de ressources phytogénétiques (Demol, 2002). Cela doit précéder l'hybridation et l'introgression de caractères désirés et la création de nouveaux matériels végétaux. La distance phylétique entre espèces a une influence capitale dans la réussite des croisements.

L'obtention de nouveaux individus avec des caractères désirés (ou non) n'est pas toujours aisée en raison des incompatibilités que l'on rencontre aussi bien au sein du pool génique de l'espèce que lors des croisements interspécifiques. Le sens du croisement est aussi important que le choix des génotypes utilisés. Les facteurs abiotiques et l'âge des plantes influencent également les potentialités des organes reproducteurs.

Les barrières d'incompatibilité peuvent être contournées en ayant recours à diverses techniques, selon l'étape du processus de reproduction (stade pré-zygotique ou post-zygotique). Il est préférable de procéder par approche lors du constat d'incompatibilité. Cela consiste à s'intéresser dans un premier temps aux mécanismes de la pollinisation, puis à ceux de la fécondation et enfin au développement embryonnaire.

L'utilisation de régulateurs de croissance appliquées *in vivo* ou *in situ* sur des fleurs après la pollinisation est la méthode la plus usuelle pour contourner les barrières d'incompatibilité pré-zygotique. Au-delà de ce stade, un examen minutieux de la fécondation est requis pour identifier les causes probables d'absence de fusion des gamètes. Enfin, les évènements post-zygotiques mettant l'embryon en danger et empêchant son évolution normale peuvent être analysés. Ce n'est qu'à ce moment que l'on peut envisager le sauvetage de l'embryon par la culture *in vitro* d'explants dans des milieux adéquats et suivant des protocoles adaptés à chaque cas, en vue d'obtenir des plants viables, adultes et disposant de caractères voulus selon les résultats des croisements.

**Chapitre 4. DESCRIPTION DE L'EMBRYOGENESE**

**4.1 Embryogenèse**

À la suite de la fécondation, l'embryogenèse est l'étape initiale de la formation de l'embryon en vue de l'établissement du plan de la future plante. Elle commence par une division du zygote en deux cellules selon une polarité base-apex prédéfinie (Tamborindeguy, 2004). Le déroulement de cette étape est sous le contrôle de nombreux mécanismes se rapportant soit à la génétique (Lopes & Larkins, 1993; Jürgens & Mayer, 1994), soit à la physiologie (Massardo *et al.*, 2000; Yeung *et al.*, 2001) ou à d'autres facteurs extrinsèques à la plante (Bradford, 2004).

L'embryogenèse végétale précède la germination. Elle est essentielle pour la survie des espèces et fondamentale pour la vie du futur individu car elle détermine sa formation et définit ses potentialités.

Son importance est également capitale pour l'agriculture et l'économie. En effet, elle mène à la formation des graines qui représentent la part principale de l'alimentation dans le monde.

À cause de son importance biologique et son intérêt économique, l'embryogenèse a été largement étudiée. Elle s'insère dans le cycle de vie des végétaux supérieurs, illustré par la **Figure 5**, alternant une phase sporophytique diploïde et une phase gamétophytique haploïde.

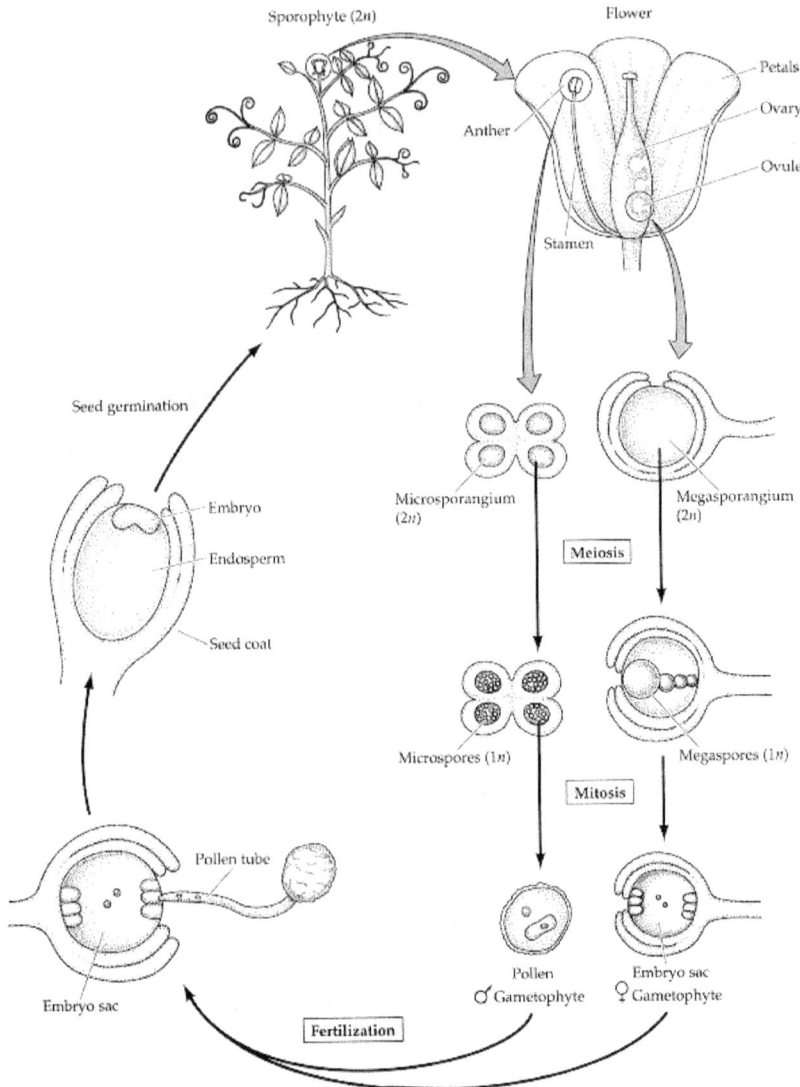

**Figure 5.** Cycle de reproduction des Angiospermes (plantes à fleurs). Les sporophytes subissent successivement une méiose puis une mitose conduisant à la formation des gamètes: pollen et sac embryonnaire. Puis intervient la fécondation qui s'opère à l'intérieur du sac embryonnaire. C'est le début de l'embryogenèse qui s'achèvera par la maturation puis la dormance de la graine. Les conditions intrinsèques à la graine conjuguées à celles du milieu favoriseront la germination de la graine pour redémarrer le cycle de la plante.

Source : http://zygote.swarthmore.edu/phyto1.html

D'une manière générale, l'embryogenèse est constituée de trois étapes majeures chez les plantes à fleurs (Kranz & Lorz, 1993; Yeung & Meinke, 1993; Yeung *et al.*, 2001; Sornsathapornkul & Owens, 1999; Gallois, 2001; Bommert & Werr, 2001; Ducreux, 2002; Grini *et al.*, 2002; Sallandrouze *et al.*, 2002; Nomizu *et al.*, 2004; Raven *et al.*, 2003).

L'embryogenèse précoce est l'étape de morphogenèse qui aboutit à la formation de deux axes : un axe radial qui traduit la mise en place des différents tissus et un axe apico-basal correspondant à l'identification des organes conditionnant les aptitudes des futurs individus à survivre grâce à la possibilité de capter plus facilement la lumière (organes aériens) et à mieux coloniser le sol (système racinaire), à la recherche de nutriments.

La deuxième phase correspond à la croissance et à la maturation pendant laquelle l'embryon emmagasine des réserves pour assurer la germination et se préparer à la dormance qui constitue l'étape ultime de l'embryogenèse. La dormance est un état de repos végétatif qui permet aux graines d'attendre les conditions de germination.

L'embryogenèse se déroule au sein des tissus maternels.

### 4.1.1 Les acteurs de la fécondation

### 4.1.1.1 Formation du gamétophyte femelle

À l'intérieur de l'ovule, un seul mégasporocyte se développe et subit finalement la méiose, donnant naissance à quatre mégaspores, dont trois dégénèrent (**Figure 5**). La quatrième se développe en gamétophyte femelle; à maturité, ce dernier devient une structure à sept cellules et huit noyaux. Le sac embryonnaire se retrouve ainsi au sein de l'ovule qui est une structure sporophytique multicellulaire (Reiser & Fischer, 1993; Drews *et al.*, 1998; Seavey *et al.*, 2000; Wendt *et al.*, 2001; Wilson, 2001; Anderson & Hill, 2002; Stauffer *et al.*, 2002; Berg, 2003; Farjon & Ortiz-Garcia, 2003; Pullman & Buchanan, 2003; Soltis & Soltis, 2004).

Le gamétophyte produit des gamètes haploïdes par division méiotique. L'ovaire contient un ou plusieurs ovules, suivant les espèces. Au début, l'ovule en développement est formé d'un pied appelé funicule et d'un nucelle. Il s'y ajoute rapidement une ou deux enveloppes qui sont les téguments, ménageant une petite ouverture à la base appelée le micropyle (**Figure 6**).

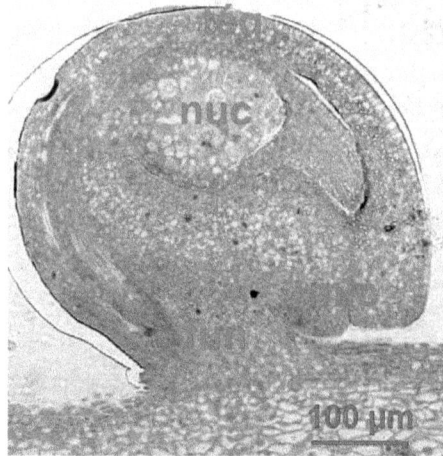

**Figure 6.** Illustration d'un stade du développement d'un ovule du genre *Phaseolus*. L'ovule est relié au placenta par le funicule (fun). Il contient un seul grand mégasporocyte entouré par le nucelle (nuc). L'ouverture à la base, futur micropyle (mic) se fait progressivement. Le développement des téguments (tég) est également initié (– = 100µm) (Photo: P. Nguema).

À l'intérieur de l'ovule, l'oosphère est entourée de deux synergides et, à l'opposé se trouvent les antipodes (**Figure 7a**). Les deux autres noyaux sont ceux de la cellule centrale. Le sac embryonnaire est entouré par les téguments interne et externe, qui feront partie de la graine. Ces tissus participeront au développement de l'embryon et de l'albumen.

Avant la fécondation, le sac embryonnaire est quasi vide, mais au terme du processus d'embryogenèse, il sera complété par les cotylédons (**Figure 7b**).

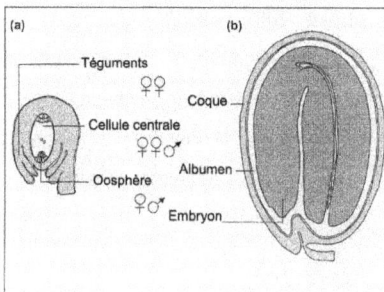

**Figure 7.** Présentation de l'ovule avec ses principales structures avant la fécondation (**a**). Suite au processus embryogénique, il sera rempli par les cotylédons qui constituent les réserves nutritives pour la plantule (**b**). Adapté de Haughn & Chaudhury (2006).

**4.1.1.2 Formation du gamétophyte mâle**

Le sporophyte produit des spores haploïdes par divisions méiotiques (Dupuis *et al.*, 1987; Palser *et al.*, 1989; Whittier & Braggins, 2000; Derksen *et al.* 2002; Bradford, 2004; Teixeira *et al.*, 2004; Ledesma & Sugiyama, 2005; Shi & Stösser, 2005). Les cellules mères de microspores, ou microsporocytes, se développent à l'intérieur des anthères de la fleur. Les microsporocytes subissent la méiose, produisant chacun quatre microspores haploïdes. Chaque microspore se divise une première fois en une cellule végétative et une cellule générative. Cette structure bicellulaire est le microgamétophyte immature ou grain de pollen. Soit avant ou au cours de la pollinisation, la cellule générative se divise et donne deux gamètes mâles. Ceux-ci sont entraînés par le tube pollinique jusqu'à l'extrémité micropylaire de l'ovule, où se trouvent l'oosphère et les deux synergides. Le grain de pollen germé, avec son noyau de tube et ses deux gamètes, représente le gamétophyte mâle adulte.

L'acteur mâle de la double fécondation est donc le grain de pollen. La **Figure 8** illustre la croissance du tube pollinique avec son contenu lors de la pollinisation.

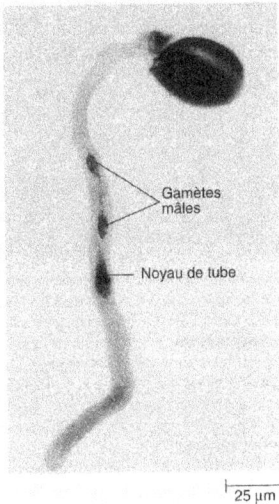

**Figure 8.** Gamétophyte mâle adulte. Le grain de pollen a germé. Lors de la croissance du tube pollinique, on distingue les noyaux végétatif (noyau du tube) et génératif (gamètes mâles). Source: Raven *et al.* (2003).

**4.1.2 Évènements pré-zygotiques**

Chez la plupart des angiospermes, la fleur produit deux types de spores dont l'une se développe en grain de pollen et l'autre en sac embryonnaire (Raven *et al.*, 2003).

Dès que les gamètes sont matures et que les conditions favorables à la pollinisation sont réunies, les tubes polliniques sont attirés vers l'ovule par une substance protéinique exsudée du micropyle. Cet exsudat provient des synergides et contient aussi du calcium libre, quoique ce dernier ne soit pas impliqué dans l'attraction (Willemse *et al.* 1996). Le calcium interviendra lors de la fusion des gamètes pour induire l'apparition de la paroi cellulosique après la fécondation. Cette paroi participerait à l'établissement de la polarité comme c'est le cas chez l'algue *Fucus* (Tamborindeguy, 2004) ou le maïs (Antoine *et al.*, 2000).

La pollinisation et la fécondation sont des événements séparés. La pollinisation est strictement le transfert du pollen de l'anthère au stigmate, suivi de son parcours dans le tissu stylaire. Elle a lieu à l'intérieur du bouton floral, le jour de l'anthèse (Sage & Webster, 1990). La fécondation est la fusion des noyaux des deux parents. La **Figure 9** illustre l'étape ultime de la pollinisation correspondant à la pénétration du tube pollinique à travers le micropyle. Elle est suivie par la libération des noyaux spermatiques à l'intérieur de l'ovule.

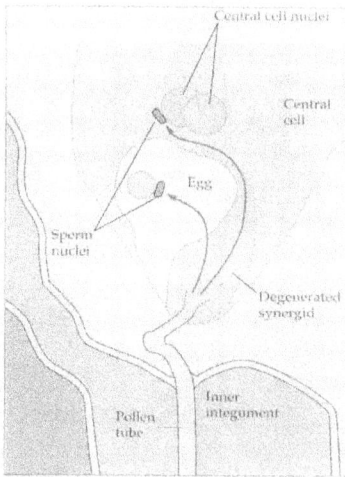

**Figure 9.** Illustration de la pénétration du tube pollinique au niveau du micropyle suivie de la libération des cellules spermatiques et de la double fécondation à l'intérieur de l'ovule. Adapté de Bradford (2004).

Quand un grain de pollen est déposé sur le stigmate, il germe et émet un tube pollinique. Celui-ci croît, pénètre le stigmate, traverse le style puis atteint le micropyle d'un ovule. Il pénètre par là et dépose deux cellules spermatiques dans l'ovule. Le noyau génératif s'unit au noyau de la cellule oeuf et forme un zygote (2n), une structure diploïde. L'autre noyau émigre et s'unit avec le noyau polaire de la cellule centrale et forme le noyau de l'albumen (3n), un tissu triploïde dont le rôle sera de fournir des nutriments à l'embryon et/ou à la plantule. C'est la double fécondation. L'embryon se développe à l'intérieur du sac embryonnaire et les téguments se différencient en spermoderme.

Les études moléculaires et génétiques sur les éléments impliqués dans la double fécondation font état d'un développement autonome de l'albumen. Cependant, selon Raghavan (2003), on note un effet prédominant de gènes gamétophytiques maternels réduisant au silence les gènes paternels lors de la double fécondation.

Le zygote subit des divisions mitotiques pour devenir l'embryon. L'albumen cellulaire se divise aussi. Chez de nombreux végétaux, l'embryon est un jeune sporophyte et l'albumen est un tissu qui nourrira l'embryon et le plant lors du développement (Lopes & Larkins, 1993).

### 4.1.3 Développement embryonnaire

Le zygote est la cellule reproductrice fécondée qui constitue le point de départ quasi systématique du développement des organismes pluricellulaires. La **Figure 10** schématise la première division cellulaire du zygote végétal après la double fécondation.

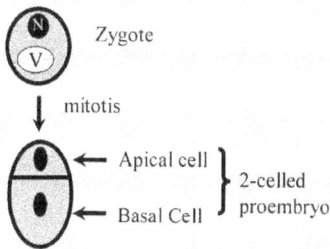

**Figure 10.** Illustration de la première division du zygote. Suite à la fusion des gamètes mâle (**N**) et femelle (**V**), le zygote se divise selon une polarité apex-base pré-établie, caractéristique des végétaux supérieurs. Source: Sage & Webster (1990).

De manière générale, le développement embryonnaire chez les angiospermes suit plusieurs étapes et peut être illustré par l'exemple de *Arabidopsis thaliana* L. à la **Figure 11**.

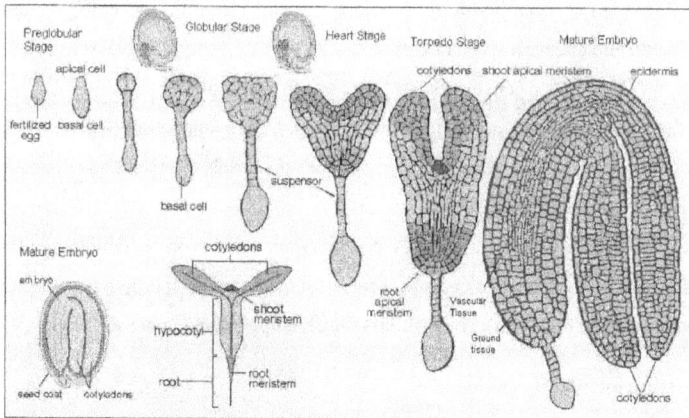

**Figure 11.** Développement embryonnaire chez *Arabidopsis thaliana*. L'embryogenèse est marquée par des étapes au cours desquelles l'embryon présente une forme caractéristique permettant de le désigner. Source: Ducreux (2002).

Avant de devenir mature, l'embryon pré-globulaire traverse plusieurs étapes au cours desquelles l'embryon présente des formes caractéristiques auxquelles on donne des noms descriptifs pour leur dénomination. Le développement embryonnaire est avant tout une multiplication cellulaire comprenant :

(i) des modifications quantitatives (augmentation de dimensions) que l'on regroupe sous le terme de croissance. Celle-ci se fait par croissance cellulaire (auxèse) mais surtout par prolifération des cellules (mérèse)

(ii) et des modifications qualitatives (acquisition de propriétés nouvelles), désignées sous le terme de différenciation.

Au terme de la double fécondation, la première division transversale du zygote produit une cellule du côté chalazien (futur embryon proprement dit) et une autre du côté micropylaire (futur suspenseur). C'est l'établissement de la polarité apico-basale de l'embryon, sous l'influence génomique des deux parents. Une superposition de deux mécanismes responsables de l'induction de la polarité a lieu à ce moment, l'un maternel et l'autre intrinsèque à l'embryon.

Le proembryon subit des divisions périclinales pour former le protoderme, futur épiderme. D'autres divisions verticales ont lieu à sa surface. Elles débouchent sur la formation du procambium et du méristème. Par la suite, l'embryon traverse plusieurs stades de développement dont l'appellation se réfère à leur morphologie (Brady & Clutter, 1972 ; Walbot *et al.* 1972; Yeung, 1990).

L'embryon est d'abord pré-globulaire, puis globulaire. Cette étape se caractérise par un suspenseur fait d'une grande cellule basale vers le micropyle. L'embryon proprement dit présente une forme globoïde. Une couche de protoderme est visible le long de sa structure. La région distale au micropyle contient l'albumen coenocytique dont le noyau se divise pour produire une masse de cellules albuminées au voisinage de l'embryon.

L'étape cordiforme se caractérise par la formation de deux lobes destinés à devenir les deux cotylédons, au sommet de l'embryon proprement dit. Au stade cotylédonaire, l'espace occupé par l'albumen sera rempli par les cotylédons. Lorsque l'embryon est devenu mature, les deux cotylédons auront entreposé des éléments nutritifs, en provenance de l'albumen pour l'alimentation de l'embryon.

L'étape de torpille est caractérisée par la courbure des cotylédons pour remplir l'ovule. Lors de cette étape, les trois tissus des méristèmes fondamentaux sont clairement discernables. L'axe central de l'embryon est appelé l'axe hypocotyle-racine. La différenciation se poursuivra dans trois parties : l'épicotyle, l'hypocotyle et la radicule.

Le suspenseur fixe l'embryon et lui transfère des éléments nutritifs au travers des tissus maternels. Chez les angiospermes, il est métaboliquement actif. Il fournit des éléments nutritifs et des régulateurs de croissance (gibbérellines) à l'embryon (Nickle & Meinke, 1998). En général, il meurt par apoptose pendant l'étape de torpille et il n'est plus présent dans les graines mûres chez certaines espèces végétales. Il est possible que l'embryon commande la substance inhibitrice du suspenseur et prévienne les cellules embryonnaires de se développer à ses dépens.

La connaissance du développement embryonnaire chez les espèces du genre *Phaseolus* est importante dans l'optique de mieux comprendre et prévoir les mécanismes régissant le développement des embryons hybrides. La formation des gamétophytes (mâle et femelle) est conforme à celle des autres angiospermes dicotylédonées, en général (Sterling, 1954; Raghavan, 1997; Geerts, 2001). La description que nous allons faire de l'embryogenèse chez *Phaseolus* est inspirée de Hsu (1979), Yeung (1980), Sage & Webster (1990), Mawson *et al* (1994), Brady & Combs (1998), Yeung (1999) et Geerts (2001).

Les images qui seront présentées pour la description du développement embryonnaire chez *P. vulgaris* et *P. coccineus* ont été obtenues dans notre laboratoire à Gembloux à l'aide du protocole décrit par Nguema Ndoutoumou *et al.* (2007).

### 4.1.3.1 Embryogenèse de *P. vulgaris*

Dès l'anthèse, le pollen germe sur la surface stigmatique, puis émet un tube pollinique qui se déplace dans le tissu stylaire (**Planche I**) et ovarien avant de pénétrer l'ovule par le micropyle. Les éléments du sac embryonnaire sont prêts à recevoir le gamétophyte mâle (**Planche II**).

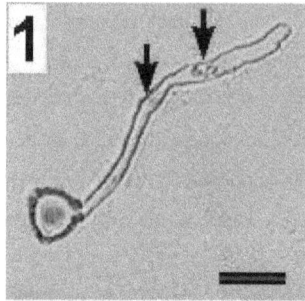

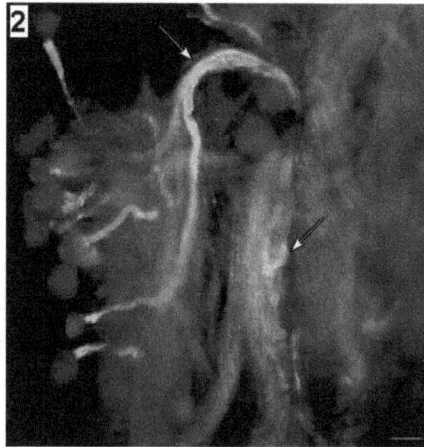

**Planche I.** Germination du pollen et croissance du tube pollinique chez *P. vulgaris.* **Photo 1:** Le pollen a germé et le tube pollinique a atteint une taille d'environ 250µm, 24 heures après sa culture *in vitro*. Les deux noyaux, l'un végétatif et l'autre génératif, sont visibles vers la partie distale du grain de pollen (↓) (— = 50µm). **Photo 2:** *In situ,* le pollen a germé sur la surface stigmatique. L'observation à la fluorescence permet de voir des tubes polliniques pénétrant le style. La callose contenue dans les tubes polliniques (↓) favorise le suivi de leur parcours (— = 50µm) (Photos: P. Nguema).

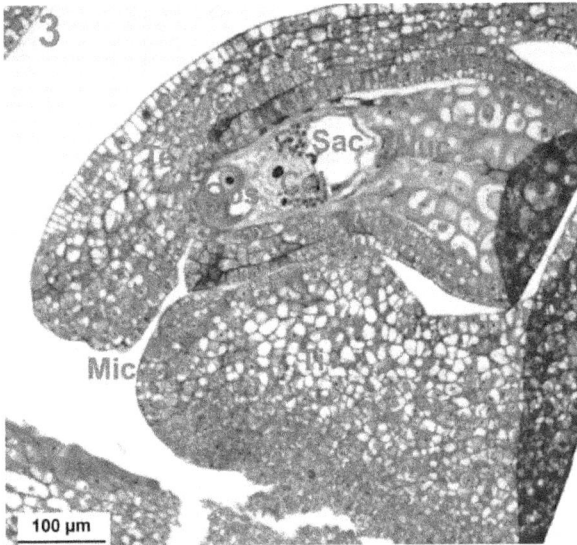

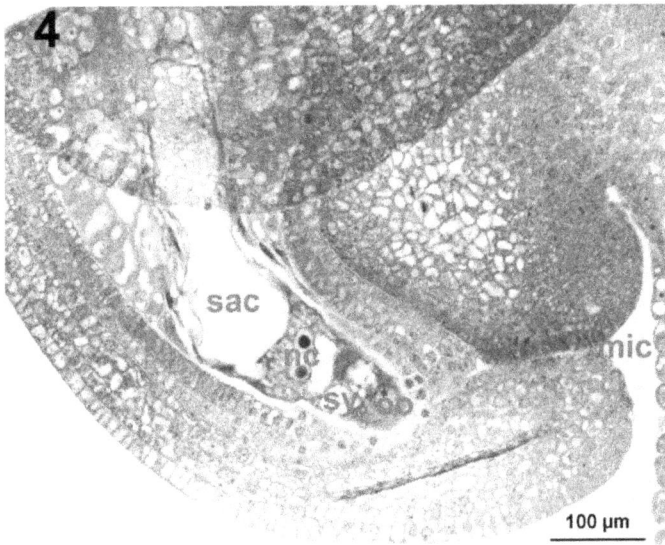

**Planche II.** Illustration par des coupes longitudinales médianes des ovules de *P. vulgaris*.
**Photo 3:** Un jour avant l'anthèse, les cellules des antipodes ont dégénéré à proximité du nucelle (nuc), du côté chalazien. Le noyau de la cellule mère (Oo) est visible et proche du micropyle (mic). Au milieu du sac embryonnaire (sac), on voit l'un des noyaux de la cellule centrale (cc). Le nucelle occupe une grande partie à l'intérieur de l'ovule. Les téguments interne (Ti) et externe (Te), puis l'endothélium (end) sont visibles. **Photo 4:** À l'anthèse, les principales cellules destinées à la double fécondation sont matures dans le sac embryonnaire (sac). Les noyaux de la cellule centrale (nc), l'oosphère (Oo) et l'une des synergides (syn) sont prêtes pour la fécondation (Photos : P. Nguema).

Plusieurs phénomènes physiques (pression osmotique, fusion cellulaire, croissance des cellules en volume et en masse, etc..) et physiologiques (pont calcique, activité hormonale, mobilisation des enzymes, etc..) interagissent au moment de la pénétration du micropyle par le tube pollinique. Lorsque le tube pollinique atteint le sac embryonnaire, il pénètre l'une des synergides en précipitant sa destruction. Puis la double fécondation a lieu donnant naissance à deux cellules: le zygote (diploïde) et l'albumen primaire (triploïde). Par la suite, le zygote se divise de façon asymétrique selon une polarité pré-établie (**Figure 12**).

Suite à la double fécondation, le zygote ou proembryon est composé d'un petit nombre de cellules (**Figure 13**). Les premières divisions de ce proembryon vont aboutir à la formation d'un embryon globulaire quelques jours plus tard.

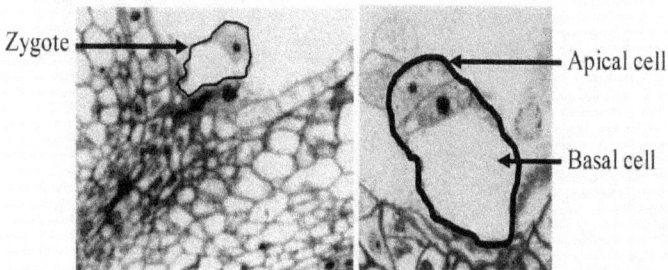

**Figure 12.** Illustration de la formation du zygote. La première division asymétrique du proembryon aboutit à la formation des cellules initiales devant se développer en embryon proprement dit (apical cell) et en suspenseur (basal cell). Source: Sage & Webster (1990).

L'embryon globoïde ou pré-globulaire (**Figure 13**) évolue en embryon globulaire et atteint le stade cordiforme (**Figure 14**) au bout de quelques jours. Par la suite, les cotylédons s'initient (**Figure 15**). C'est le stade cotylédonaire (**Figure 16**), suivi de la maturation de l'embryon et de la dessiccation de la graine qui précède la dormance.

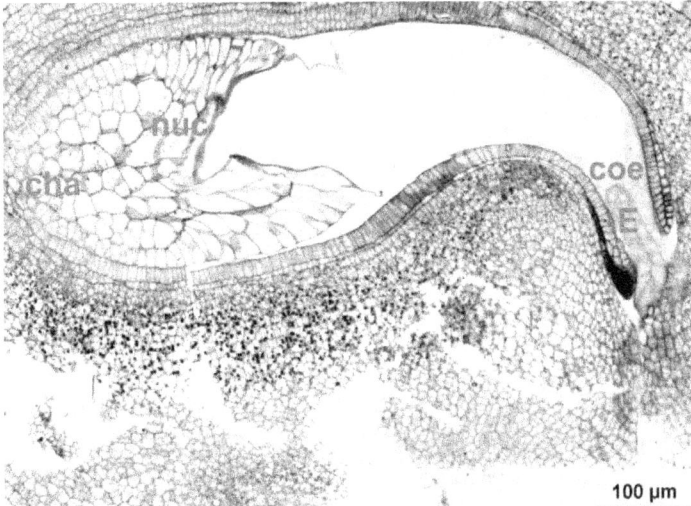

**Figure 13.** Coupe longitudinale médiane d'un ovule de *P. vulgaris*. L'embryon (E) est globoïde ou pré-globulaire. Il est recouvert d'albumen coenocytique (coe). Le côté micropylaire se trouve sous la partie basale de l'embryon. La forme en U du nucelle (nuc) est observée vers la chalaze (cha) (Photo : P. Nguema).

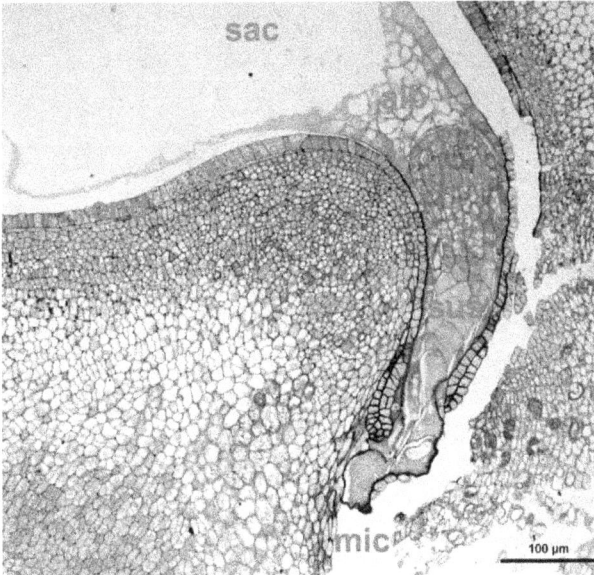

**Figure 14.** Coupe longitudinale médiane dans un ovule de *P. vulgaris*. L'embryon (emb) est cordiforme jeune. Vers le micropyle (mic), le suspenseur (sus) est filiforme. L'albumen (alb) est en contact avec l'embryon proprement dit et le corps du suspenseur. Des cellules albuminées se développent le long de la paroi endothéliale (end) dans le sac embryonnaire (sac) (Photo : P. Nguema).

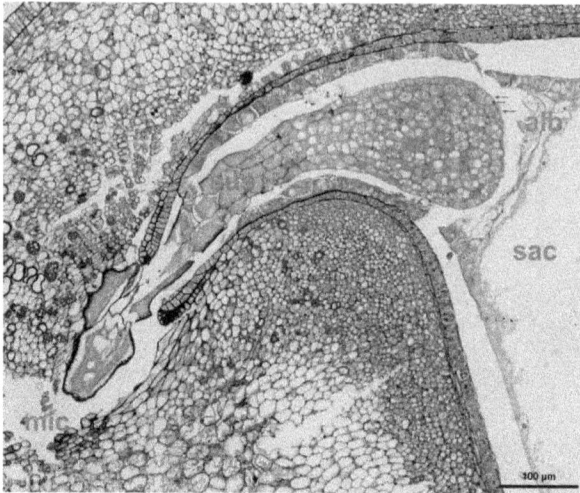

**Figure 15.** Coupe longitudinale médiane dans un ovule de *P. vulgaris* montrant un embryon cordiforme âgé. Un filet d'albumen (alb) sépare le sac embryonnaire (sac) de l'embryon proprement dit (emb). La base du suspenseur (sus) est faite de cellules allongées vers le micropyle (mic). Les cellules de transfert (*) sont logées entre l'endothélium (end) et l'embryon. Le protoderme (↓) délimite la partie apicale de l'embryon (Photo : P. Nguema).

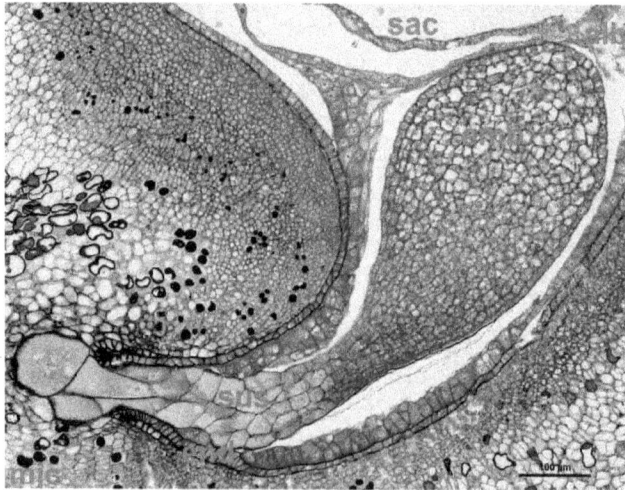

**Figure 16.** Coupe longitudinale médiane d'un ovule de *P. vulgaris*, montrant un embryon cotylédonaire tardif. Les cotylédons se développent dans l'ovule. La forme effilée du suspenseur (sus) reste maintenue. Une mince couche de cellules albuminées (alb) persiste entre l'embryon proprement dit (emb) et le sac embryonnaire (sac). L'endothélium (end) n'est pas en contact avec l'embryon. Les cellules de transfert (*) forment une couche épaisse, doublée à certains endroits entre le corps du suspenseur et l'endothélium (Photo : P. Nguema).

La division transversale du zygote aboutit à la formation de deux entités : une cellule basale de grande taille destinée à devenir le suspenseur et une cellule apicale moins volumineuse qui sera le futur embryon. Comme chez la plupart des autres végétaux, le suspenseur jouera un rôle important dans l'alimentation de l'embryon grâce à sa fonction de synthèse hormonale et au transit des éléments nutritifs du tissu maternel vers l'embryon proprement dit (Yeung & Cavey, 1988; Yeung & Meinke, 1993). Il est par excellence le siège d'approvisionnement de l'embryon durant la phase précoce de l'embryogenèse. Les résultats obtenus grâce au marquage radioactif ont permis à Yeung (1984) de suivre le transit des nutriments (notamment le saccharose marqué au carbone 14) *via* le suspenseur. Cependant, la radioactivité change au fur et à mesure qu'évolue l'embryon. Dès l'apparition des cotylédons, ceux-ci deviennent le site le plus important de transit de nutriments, jusqu'à la maturation de l'embryon. Le rôle de transport du suspenseur s'arrêterait au stade cordiforme tardif (Yeung & Clutter, 1979 ; Yeung & Sussex, 1979).

À l'anthèse (Yeung & Clutter, 1978; Dasgupta *et al.*, 1982; Shii *et al.*, 1982; Yeung & Brown, 1982; Geerts, 2001), une simple rangée de cellules nucellaires est présente dans la région micropylaire et le tissu nucellaire présente la forme d'un U dans le sac embryonnaire, du côté chalazien. Les cellules de la région centrale du capuchon, l'hypostase, contiennent des grains d'amidon. Cet amidon est moins abondant dans les autres cellules nucellaires. À ce stade, le tégument interne est composé de deux couches de cellules ayant un cytoplasme dense avec de nombreuses petites vacuoles et des grains d'amidon éparpillés. Les rangées de cellules tégumentaires externes plus proches du tégument interne sont étroitement liées et remplies d'amidon avec un cytoplasme dense et de petites vacuoles; d'autres cellules du tégument externe ont une couche périphérique de cytoplasme et des vacuoles plus larges. Une simple première trace de tissu vasculaire s'étend du placenta dans la région funiculaire, jusqu'à la région chalazienne. Le xylène et le phloème sont faits d'un filet continu de vaisseaux matures et immatures, ainsi que des éléments de la sève, des cellules accompagnatrices, des cellules procambiales allongées et du parenchyme.

Après la double fécondation, le proembryon a deux ou trois cellules et est entouré d'albumen coenocytique (**Figure 13**). Un jour plus tard, le nombre de cellules du proembryon a augmenté. Les cellules du suspenseur et de l'embryon proprement dit se différencient singulièrement. Des vaisseaux secondaires latéraux apparaissent dans le tégument externe, de part et d'autre du plan médian de l'ovule. Des structures procambiales s'étendent aussi le long du sac embryonnaire à partir de la région chalazienne parallèle au placenta, jusqu'à la région micropylaire. La différenciation et la maturation du tissu vasculaire continuent durant les jours suivant la pollinisation, dans le tégument externe.

Quelques jours après, l'embryon est globulaire. L'albumen au voisinage de l'embryon proprement dit est cellulaire. Les divisions cellulaires de l'albumen s'accélèrent par la suite. Le tissu nucellaire dégénère progressivement, au fur et à mesure que l'embryon grandit dans le sac embryonnaire (**Figure 14**). Puis, les cellules des couches moyennes du tégument externe et les couches internes se joignant au tégument interne se relâchent graduellement. Leur cytoplasme est dense et contient de fines vacuoles.

Les divisions des cellules du suspenseur ralentissent ensuite, et les cellules basales du suspenseur qui ont élaboré des invaginations dans les parois cellulaires s'étendent dans le tégument externe. Après, le tissu nucellaire est uniquement visible dans la région chalazienne. Des filaments continus des vaisseaux apparaissent dans les parties latérales de l'ovule, et la vascularisation s'intensifie du côté chalazien, un jour plus tard.

L'initiation des cotylédons peut débuter vers cinq jours après la pollinisation dans certains cas (**Figure 15**). À ce moment, le sac embryonnaire est rempli progressivement par la croissance de l'embryon (**Figure 16**). On remarque des divisions anticlinales des cellules qui se vident progressivement d'amidon. De l'anthèse à cet âge, les cellules du tégument externe se divisent, et seulement celles des couches moyennes et externes s'agrandissent, augmentant ainsi les dimensions du tégument externe. L'amidon est épuisé dans les cellules du tégument externe.

Au-delà des stades morphologiques de développement des embryons, les deux principales structures embryonnaires (suspenseur et embryon proprement dit) changent progressivement de dimensions. L'évolution de la taille des structures entre 3 et 12 jours après pollinisation (JAP) est donnée dans le **Tableau 7** pour un cultivar de *P. vulgaris* conduit dans les conditions climatiques décrites par Nguema Ndoutoumou *et al.* (2007).

**Tableau 7.** Évolution de la taille moyenne des principaux paramètres de l'embryon et du suspenseur entre 3 et 12 JAP chez le cultivar X484, de *P. vulgaris.*

| Nombre de jours après pollinisation (JAP) | Paramètres mesurés (Données personnelles) | | | | |
|---|---|---|---|---|---|
| | Nombre de cellules du suspenseur | Surface du suspenseur ($\mu m^2$) | Longueur du suspenseur ($\mu m$) | Longueur de l'embryon ($\mu m$) | Largeur de l'embryon ($\mu m$) |
| 3 | 3 (±1) | 2982 (±345) | 78 (±9) | 151 (±16) | 51 (±4) |
| 4 | 4 (±1) | 3938 (±538) | 93 (±4) | 204 (±17) | 61 (±7) |
| 5 | 6 (±1) | 9402 (±1296) | 100 (±18) | 257 (±18) | 84 (±4) |
| 6 | 12 (±2) | 15573 (±1706) | 154 (±43) | 459 (±67) | 97 (±10) |
| 7 | 14 (±2) | 17748 (±1391) | 272 (±26) | 599 (±48) | 127 (±28) |
| 8 | 16 (±2) | 25167 (±1652) | 361 (±54) | 878 (±155) | 393 (±25) |
| 9 | 26 (±3) | 36931 (±3915) | 380 (±57) | 933 (±98) | 387 (±37) |
| 10 | 13 (±2) | 32353 (±3122) | 353 (±36) | 1179 (±147) | 625 (±97) |
| 11 | 16 (±1) | 24991 (±2393) | 311 (±47) | 2276 (±558) | 792 (±142) |
| 12 | 14 (±1) | 26270 (±2986) | 709 (±83) | 2798 (±324) | 1227 (±185) |

(±x) : écart-types.
X484: numéro provisoire attribué au cultivar par le Jardin Botanique National de Belgique (Meise) avant la disponibilité des données d'identification.

Au cours du développement de l'embryon, la forme et la longueur de l'embryon sont corrélées. Le stade atteint par l'embryon peut aussi se référer à ces paramètres et au nombre de jours après la pollinisation (Raghavan & Torrey, 1963; Walbot *et al.*, 1972; Clutter *et al.*, 1974; Monnier, 1976).

Brady & Walthall (1985) affirment que le suspenseur chez les jeunes embryons de *P. vulgaris* contient des taux élevés de gibbérellines. Ce taux décroît au fur et à mesure que l'embryon évolue, tout comme la pression osmotique dans l'ovaire (Yeung & Brown, 1982; Geerts, 2001). L'absence ou le mauvais fonctionnement du suspenseur peut d'ailleurs être suppléé par des concentrations physiologiques de gibbérellines dans le milieu artificiel de culture d'embryons (Brady & Clutter, 1972; Walthall & Brady, 1986; Brady & Combs, 1998). La croissance du suspenseur serait inhibée après le stade cordiforme de l'embryon, au profit du développement de ce dernier (Yeung & Sussex, 1979; Perata *et al.*, 1990; Lackie & Yeung, 1996; Yeung *et al.*, 1996; Ciavatta *et al.*, 2001).

### 4.1.3.2 Embryogenèse de *P. coccineus*

Les différences dans le développement embryonnaire entre *P. vulgaris* et *P. coccineus* se rapportent essentiellement au délai requis pour atteindre des stades morphologiques de développement chez l'embryon puis aux formes et dimensions des suspenseurs. Shii *et al.* (1982), Lecomte (1997) et Geerts (2001) avaient déjà signalé que lors des croisements entre *P. vulgaris* et *P. polyanthus*, les embryons de *P. polyanthus* se développaient plus lentement que ceux de *P. vulgaris*. Des différences sont aussi notées dans la forme et les dimensions des suspenseurs entre les génotypes utilisés au sein de ces deux espèces.

Les embryons de *P. coccineus* sont plus faciles à observer au microscope car ils sont de plus grande taille que ceux de *P. vulgaris* (Yeung & Meinke, 1993). Yeung (1999) a exploité cette facilité pour mettre en évidence le rôle de stimulateur de croissance du suspenseur de ces embryons, avant le stade de développement cordiforme tardif. Au stade proembryon, la différence de coloration, en général noire, entre les cellules suspensoriales et les cellules de l'embryon proprement dit traduit l'intense activité du suspenseur. Dans les stades ultérieurs de développement de l'embryon, il y a un amoindrissement de cette nuance, expliquant de ce fait le ralentissement de l'activité du suspenseur (Yeung & Meinke, 1993; Devic & Guilleminot, 2001; Weterings *et al.*, 2001; Yeung *et al.*, 2001; Nomizu *et al.*, 2004).

Les **Figures 17** à **20** illustrent le développement embryonnaire chez l'espèce *P. coccineus*.

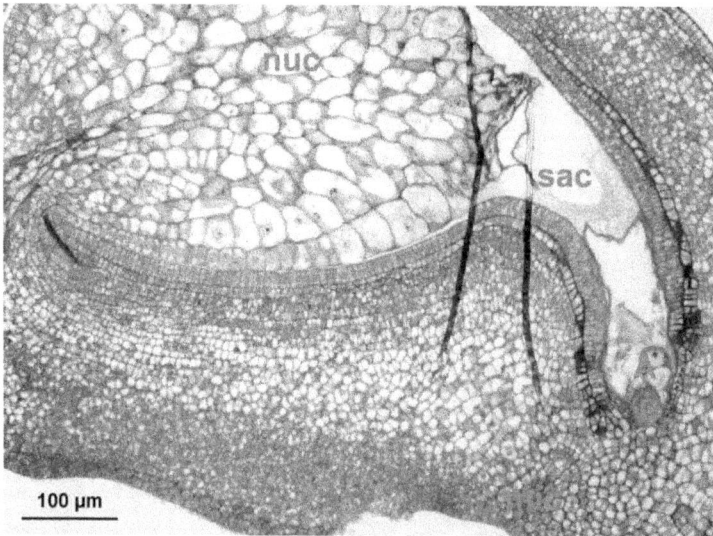

**Figure 17.** Coupe longitudinale médiane dans un ovule de *P. coccineus* montrant un proembryon (P) du côté micropylaire (mic). La première division post-zygotique s'initie. Les différentes structures ovulaires sont en place. Le nucelle (nuc) occupe un grand volume du côté chalazien (cha). Le sac embryonnaire (sac) n'occupe qu'une petite partie au sein de l'ovule. L'albumen nucléaire (A) présente un noyau intensément coloré (Photo : P. Nguema).

43

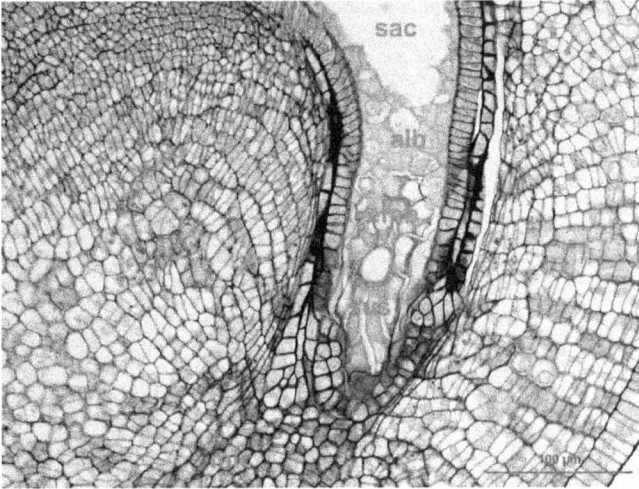

**Figure 18.** Coupe longitudinale médiane dans un ovule de *P. coccineus* montrant un embryon globulaire (emb). Une structure lâche faite de cellules albuminées (alb) entoure l'embryon. L'albumen cellulaire est visible jusqu'au suspenseur (sus), vers le micropyle (mic). Les divisions de l'albumen se poursuivent dans le sac embryonnaire (sac) et le long de la paroi endothéliale (end) (Photo : P. Nguema).

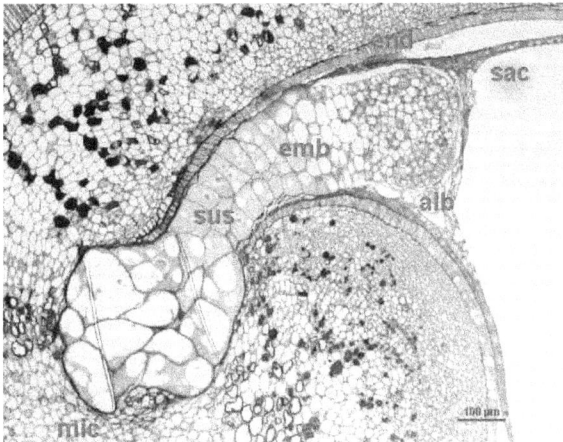

**Figure 19.** Coupe longitudinale médiane dans un ovule de *P. coccineus*. L'embryon (emb) a atteint le stade cordiforme tardif. Le suspenseur (sus) montre des cellules imposantes à sa base, du côté micropylaire (mic). L'embryon est séparé de l'endothélium (end) par une fine cloison. Des cellules d'albumen (alb) sont visibles dans le sac embryonnaire (sac) (Photo : P. Nguema).

44

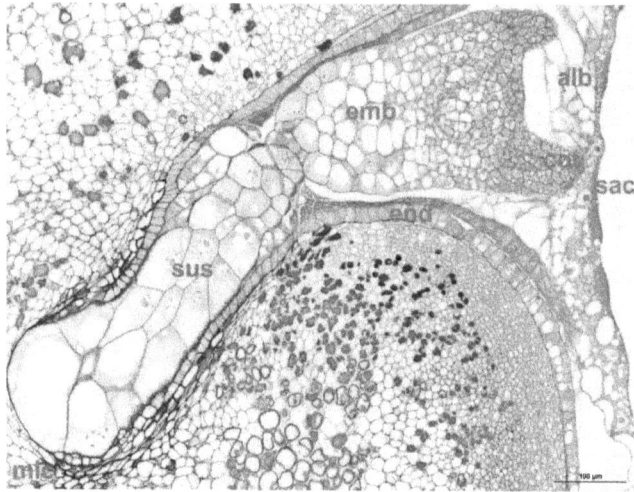

**Figure 20.** Coupe longitudinale médiane dans l'ovule de *P. coccineus* montrant un embryon (emb) cotylédonaire jeune. Les cellules basales du suspenseur (sus) sont enflées du côté du micropyle (mic). De l'albumen (alb) cellulaire est encore visible dans le sac embryonnaire (sac). Les cotylédons (cot) commencent à croître. L'épaisseur de l'endothélium (end) est irrégulière (Photo : P. Nguema).

Chez *P. coccineus*, Yeung & Sussex (1979) notent que la présence du suspenseur stimule la croissance de l'embryon proprement dit et facilite la régénération de plantules lorsque l'embryon est cultivé *in vitro*, au stade cordiforme. Le suspenseur est énormément sollicité à ce stade de développement de l'embryon. Il a par contre un effet très réduit lorsque l'embryon a atteint le stade cotylédonaire. Cependant, il peut être suppléé par l'usage de l'acide gibbérellique, tout en tenant compte du rôle des autres régulateurs de croissance (Hsu, 1979; Piaggesi *et al.*, 1989; Yeung & Meinke, 1993; Brady & Combs, 1998; Ciavatta *et al.*, 2001; Weijers & Jürgens, 2005).

Durant l'embryogenèse précoce, le développement du suspenseur est rapide en taille et en poids (Yeung & Clutter, 1978). À partir du stade pré-globulaire (**Figure 18**), une différenciation structurale est déjà visible avec la formation de parois. Les premières parois apparaissent tout autour du suspenseur au niveau des cellules adjacentes au tapetum tégumentaire, puis elles se propagent vers les cellules internes du suspenseur. Le noyau de la cellule basale du suspenseur est caractérisé par sa grande taille. Au point de vue histologique, les cellules suspensoriales semblent actives, surtout avant que l'embryon n'atteigne le stade cordiforme (Yeung *et al.*, 2001; Geerts, 2001).

De manière générale, les zygotes avec un suspenseur anormalement développé ont à l'inverse un albumen de petite taille et vice-versa (D'Amato, 1984 ; Perata *et al.*, 1990). Une attention particulière doit être portée sur le système embryon-suspenseur pour une meilleure connaissance du rôle physiologique du suspenseur. Des auteurs comme Nagl (1974), Alpi *et al.* (1975), Ceccarelli *et al.* (1981), Picciarelli & Alpi (1986) et Perata *et al.* (1990) ont mis en évidence le rôle du suspenseur dans la synthèse et la sécrétion d'hormones de croissance, notamment aux stades cordiforme et cotylédonaire de développement de l'embryon.

### 4.2 Aperçu de l'implication des gènes sur l'embryogenèse

L'embryogenèse précoce des Angiospermes est un processus au cours duquel s'édifie le patron morphologique de la future plantule. La mise en place de cette architecture se fait assez rapidement et passe par plusieurs étapes. Elle fait intervenir un réseau complexe de gènes avec des phénomènes s'exprimant spatialement (Baud *et al.*, 2002; Guyon *et al.*, 2002; Yazawa *et al.*, 2004). L'embryogenèse nécessite en outre l'intervention de molécules signal (Boyle & Yeung, 1983; Uwer *et al.*, 1998; Flores *et al.*, 2000; Ciavatta *et al.*, 2001; Wan *et al.*, 2002; Pullman & Buchanan, 2003; Vargas *et al.*, 2005).

L'organisation de l'embryon peut être considérée comme modulaire (Jürgens *et al.*, 1991; Mayer *et al.*, 1991 & 1993; Jürgens & Mayer, 1994), avec deux programmes génétiques différents. L'un concerne directement les mécanismes d'édification de l'embryon et l'autre initialise le programme génétique de la plante adulte dont il commandera le phénotype (Yazawa *et al.*, 2004). L'action des gènes interfère avec la différentiation tissulaire, indépendamment de la morphogenèse (Mayer *et al.*, 1991; Losick & Shapiro, 1993).

### 4.3 Conclusion

La fécondation *in vitro* analysée chez certaines plantes permet d'étudier les phénomènes qui ont lieu à la suite de la pollinisation (Faure *et al.*, 1993; Kranz & Lorz, 1993). Malgré le caractère artificiel de ces conditions, cette approche peut donner accès aux évènements se déroulant normalement après la fécondation dans les organes floraux.

L'embryogenèse de *P. vulgaris* est similaire à celle de *P. coccineus* dans son déroulement général.

Les hormones de croissance synthétisées au niveau du suspenseur confèrent à celui-ci un rôle déterminant dans le déroulement de l'embryogenèse. En revanche, la toute première étape de ce processus, c'est à dire celle de l'acquisition de la polarité embryonnaire responsable de la division asymétrique du zygote n'est pas bien connue en raison des difficultés inhérentes à la petite taille du zygote et à la vitesse de développement des évènements initiaux de l'embryogenèse dans les tissus maternels. Les analyses histologiques réalisées sur des embryons aux premiers stades de développement sont particulièrement difficiles. En conséquence, le nombre de cellules des embryons et leurs dimensions lors de l'acquisition de la polarité embryonnaire restent à déterminer. Cela justifie la nécessité d'approfondir l'étude histologique de l'embryogenèse chez *Phaseolus*.

**Chapitre 5. MODELISATION MATHEMATIQUE DES PHENOMENES BIOLOGIQUES**

## 5.1 Définition

D'après Pavé (1994), la modélisation mathématique consiste à proposer une représentation dans le système formel des mathématiques d'un objet ou d'un phénomène (en l'occurrence biologique) du monde réel.

Les objectifs assignés aux modèles sont multiples. Dans le domaine de l'expérimentation, les modèles aident à la connaissance, voire à l'identification des lacunes dans la prise en compte et la formalisation des processus. Ils peuvent aussi constituer des outils de synthèse ou de prédiction des phénomènes biologiques.

## 5.2 Étapes de la modélisation

Il y a trois étapes dans la modélisation des phénomènes (Ernoult & Talamoni, 2003). La première consiste en une analyse des processus réels et des données expérimentales.

La seconde est la construction d'une situation mathématisable, à partir d'une situation réelle, en fonction des concepts mathématiques disponibles. En effet, une situation réelle dépend de nombreux paramètres; on va choisir d'en conserver certains, d'en négliger d'autres, dans un premier temps au moins. Ces choix sont nécessaires car on doit toujours les mettre en regard avec les outils mathématiques dont on dispose. Ils vont nécessairement entraîner une approximation de la réalité.

Enfin, la troisième étape est la mise en oeuvre du modèle. Elle consiste en une simulation de la réalité à l'aide du modèle créé, ce qui induit, d'une part, une analyse critique de sa pertinence et de ses limites, et d'autre part, d'éventuelles améliorations.

## 5.3 Quelques modèles utilisés en biologie

Les modèles décrivant la croissance sont pour la plupart des modèles empiriques, c'est-à-dire qu'ils sont développés à partir d'observations de faits expérimentaux. À côté de cela, il existe des modèles dits mécanistes (Cole *et al.*, 1991) basés sur les phénomènes biologiques et leur compréhension ; ils sont parfois appelés modèles phénoménologiques (Heitzer *et al.*, 1991).

Quelle que soit l'approche choisie, descriptive ou mécaniste, et le type de modèle considéré, le critère de parcimonie (nombre minimum de paramètres) et la signification biologique ou graphique des paramètres devront toujours être respectés. Cette condition permet de donner aux paramètres, une estimation initiale cohérente avec la réalité biologique (Rosso, 1995), en vue de l'ajustement des données expérimentales.

La synthèse bibliographique faite par Debouche (1979) met en exergue deux catégories de modèles de croissance en biologie. Il s'agit des modèles de forme constante ou fixe et des modèles de forme variable.

Ces deux grands groupes de modèles sont en général sigmoïdes et peuvent se distinguer par la forme de leur courbe. Dans un cas, la courbe est symétrique par rapport à un point donné. Dans d'autres cas, la courbe sigmoïde peut être dissymétrique avec un décalage plus ou moins prononcé.

Les modèles symétriques sont essentiellement représentés par la fonction logistique dont l'expression générale est :

$$y = M/[1+e^{-(x-a)/b}]$$

Les principaux paramètres des équations des modèles de croissance sont les suivants :

- y: variable étudiée représentant toute dimension sensible à la croissance comme le poids ou la taille chez un organisme ou organe quelconque ;
- M: valeur maximale vers laquelle tend y ;
- x: unité de temps ;
- a: valeur particulière de x qui situe la courbe sur l'axe des abscisses (x) par son point d'inflexion ou son origine ;
- b: paramètre exprimé dans les mêmes unités que "x" et qui mesure l'étalement du phénomène de croissance sur l'axe des abscisses (x) et donc la vitesse de croissance.

Les modèles dissymétriques regorgent à la fois des formes constantes et variables dont les principaux sont décrits ici.

### 5.3.1 Modèles fixes

Le modèle de Mitscherlich ou loi monomoléculaire se caractérise par le fait que le coefficient « b » reste un paramètre sensible à la vitesse de croissance dont l'inverse est le facteur de proportionalité qui lie cette vitesse de croissance absolue à la croissance encore possible. Le coefficient "a" situe le démarrage de la croissance et également l'instant où la vitesse de croissance est la plus élevée.

Cependant, ce modèle ne possède pas de point d'inflexion et par conséquent, il n'a pas une allure sigmoïde mais exponentielle, d'asymptote y = M.

Il situe le début de la croissance comme pour le modèle de Johnson (1935) et Schumacher (1939). Il se confond au modèle variable de Nelder (1961 & 1962) pour n = 1 (n étant un paramètre sans dimension intervenant dans les modèles de forme variable).

Grâce au modèle de Gompertz (1825), il est possible de ressortir les différences entre deux éléments pour ce qui est de la valeur de M, le temps de croissance (T = 4b) pour chaque élément et l'unité de temps où la croissance est la plus rapide (a).

Ce modèle présente une allure de sigmoïde dont la dissymétrie est moins prononcée que celle du modèle de Johnson (1935) et Schumacher (1939). Il est d'une forme très proche du modèle gaussien modifié.

Le modèle de Johnson (1935) et Schumacher (1939) peut générer une allure sigmoïde susceptible de représenter un phénomène de croissance (Scharf *et al.*, 1973). Ce modèle a parfois tendance à fournir des courbes symétriques. C'est pourquoi on le compare à la fonction logistique symétrique à certains moments. Le paramètre "a" situe en général le point d'inflexion, ou l'origine du temps pour ce modèle.

Il présente une forme sigmoïde pour des valeurs de "x" supérieures à "a", ce qui situe également le début de la croissance au temps x = a. Il correspond à une forme de croissance particulièrement rapide au début et puis très lente vers la fin du phénomène. Ce modèle peut être intéressant pour des croissances dites précoces et de dissymétrie prononcée, tout comme le modèle variable de Lundqvist (1957).

### 5.3.2 Modèles variables

La **Figure 21** illustre l'évolution typique de la croissance en longueur d'un embryon végétal, les différents stades morphologiques et l'activité physiologique spécifique suivant le nombre de jours après pollinisation.

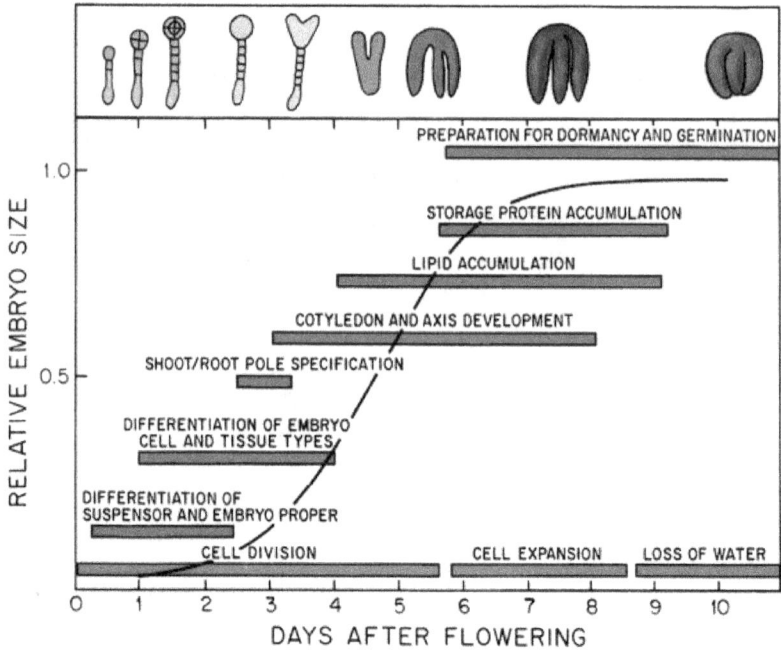

**Figure 21:** Développement embryonnaire chez *Arabidopsis thaliana*.
Source: http://www.mcdb.ucla.edu/Research/Goldberg/research/interests-index.htm

Lors de la croissance en longueur des embryons, une courbe caractéristique représentant l'évolution de la dite longueur en fonction du temps est obtenue. Cette courbe se compose de trois (3) phases définies comme la phase d'adaptation (ou de latence), la phase exponentielle et la phase stationnaire.

Durant la première phase, la courbe présente une faible croissance. C'est le point de départ des mécanismes physiologiques ou environnementaux impliqués dans le processus embryogénique. Cette phase d'adaptation correspond au temps requis au jeune zygote pour s'habituer aux nouvelles conditions de vie et pour initier la synthèse des éléments nécessaires pour son passage à un taux de croissance plus important.

Préalablement à la phase exponentielle, la division des cellules entre dans un processus d'accélération et le taux de croissance en longueur peut être déterminé.

La phase exponentielle se caractérise par une augmentation importante de la longueur de l'embryon.

À la fin de la phase exponentielle, on assiste à une réduction de la vitesse de croissance pour passer finalement à un état stationnaire qui se caractérise par un arrêt de la croissance. En effet, la croissance en longueur de l'embryon est conditionnée par des facteurs extrinsèques et intrinsèques susceptibles d'influencer l'embryogenèse.

Pendant la phase stationnaire, la longueur de l'embryon est involutive et il n'est plus nécessaire d'apprécier son taux de croissance. Cette phase correspond à l'étape de maturation et de déshydratation des graines précédant la dormance de la graine. La transition entre les différentes phases est normale mais elle est influencée par des facteurs tels que le stress hydrique, les températures élevées, la pression osmotique au sein de la graine, etc. La durée de chaque phase est caractéristique du génotype ou de la combinaison génotypique considérée.

L'étape préliminaire de la modélisation consiste à décrire la croissance de la longueur de l'embryon en fonction du temps, dans les conditions environnementales identiques pour tous les génotypes. Dans ce cas, la croissance sera caractérisée par les facteurs "temps de latence" et "taux de croissance".

Parmi les modèles de croissance à forme variable on peut citer le modèle de Nelder (1961 & 1962) et celui de Lundqvist (1957).

Le modèle de Nelder (1961 & 1962) s'écrit sous la formule:

$$y = M / \{1 + n \; exp[-(x-a)/b]\}^{1/n}$$

avec     $-\infty \leq x \leq \infty$ pour $n \geq 0$,

           $a - b*ln(-1/n) \leq x \leq \infty$ pour $n < 0$.

Ce modèle a l'avantage (Debouche, 1979) de:
- permettre de constater que le paramètre "a" situe dans le temps l'instant où la vitesse de croissance est la plus élevée,
- situer l'ordonnée du point d'inflexion de la courbe sigmoïdale,
- faciliter l'interprétation du paramètre "b",
- contrôler, en fonction du paramètre "n", la variation de la partie de la croissance qui se réalise pendant le temps de croissance la plus élevée,
- et d'être identique pour toutes les sigmoïdes, sauf pour celle qui correspond à la valeur n = 0. L'ajustement des paramètres peut se faire sans contraintes.

En résumé, il est insensible au début de la croissance, à la vitesse de croissance maximum et à la forme de la croissance. Il est donc assez général par rapport aux autres modèles de croissance.

Enfin, le modèle de Lundqvist (1957) est par exemple utilisé dans l'étude de la hauteur des arbres et peut être considéré comme une généralisation du modèle de Johnson-Schumacher.

Il est aussi utilisé pour l'étude de productions forestières. Il a une position intermédiaire pour l'ordonnée de son point d'inflexion du moins, entre l'équation de Mitscherlich ($y_1 = 0$) et le modèle de Gompertz ($y_1 = M/e$). Ce modèle est donc à quatre paramètres avec une flexibilité moins grande que le modèle de Nelder. Tout comme le modèle de Johnson-Schumacher, il peut être envisagé pour des phénomènes où la vitesse de croissance maximale a lieu dans le premier tiers de la croissance totale. Cette limitation diminue l'intérêt de son utilisation d'autant plus que le modèle de Nelder peut rendre compte de cette même situation avec une interprétation plus aisée des paramètres.

Le **Tableau 8** résume les caractéristiques générales des modèles présentés ci-dessus, décrits et reparamétrés par Debouche (1979).

**Tableau 8.** Résumé des caractéristiques générales de modèles de croissance.

| Modèles | Début de la croissance | Vitesse de croissance maximum | Forme de la croissance |
|---|---|---|---|
| Mitscherlich | fixé | au départ de la croissance | fixée, de dissymétrie gauche extrême |
| Johnson | fixé | au début de la croissance | fixée, de dissymétrie gauche très forte |
| Gompertz | non fixé | au premier tiers de la croissance | fixée, de dissymétrie gauche moyenne |
| Nelder | non fixé | quelconque | quelconque |
| Lundqvist | fixé | quelconque dans le premier tiers de la croissance | dissymétrie gauche prononcée mais variable |

Source: adapté de Debouche (1979).

À première vue, le modèle de Gompertz apparaît le mieux indiqué dans les cas de croissance des structures tels que les embryons végétaux du fait que le début de la croissance n'est pas fixée car c'est un phénomène difficile à localiser à la suite de la double fécondation. En outre, l'embryon végétal croît plus rapidement durant les stades précoces de développement (globulaires et cordiformes) pour ensuite ralentir dès l'initiation cotylédonaire et les stades suivant de maturation, de dessiccation et de dormance.

Cependant, le modèle variable de Nelder semble préférable pour de nombreux cas de croissance en raison de sa simplicité d'utilisation car il ne fixe pas le début de la croissance et il s'adapte à des vitesses et formes de croissance quelconques. Il a la capacité de représenter des croissances "précoces" et "tardives". En outre, il a l'avantage de se confondre avec les modèles de Mitscherlich, de Gompertz et logistique pour certaines valeurs de son paramètre de forme (n).

### 5.4 Conclusion

La modélisation des phénomènes biologiques, dans le domaine agricole a connu un essor considérable ces dernières années. Cela s'est accentué avec l'avènement et les progrès des outils informatiques (Hoch *et al.*, 2004).

La modélisation de la croissance en longueur des embryons autofécondés s'avère intéressante sur le plan biologique en permettant de mettre en évidence le comportement normal des embryons autofécondés et de le comparer éventuellement avec le développement des embryons hybrides.

Sur le plan méthodologique, la modélisation des courbes de croissance rend possible la validation d'un modèle de développement en tant que descripteur pour les génotypes concernés, pour établir la relation entre le nombre de jours après pollinisation et le stade de développement de l'embryon. L'identification de la phase d'accélération de la croissance de l'embryon peut constituer l'indice de détermination du délai de sauvetage des embryons hybrides grâce aux techniques appropriées.

PARTIE II

# MATERIEL ET METHODES

**Chapitre 1.** MATERIEL VEGETAL

**1.1 Choix du matériel végétal**

Le matériel végétal contient trois cultivars (NI637, X484 et X707) de *P. vulgaris*, un cultivar (NI16) et un génotype sauvage (NI1108) de *P. coccineus*. Ces génotypes ont été choisis en tenant compte de leur aptitude à la floraison dans nos conditions d'essai, leur statut biologique, leur origine géographique, leur distance génétique et leur aptitude à l'hybridation (Camarena, 1988; Lecomte, 1997; Geerts, 2001). Ils sont identifiés par leur numéro d'introduction (NI) ou un numéro provisoire (X) au Jardin Botanique National de Belgique (Meise).

Le **Tableau 9** présente les génotypes retenus pour cette étude.

**Tableau 9.** Identification, statut biologique et origine des génotypes étudiés.

| Espèces | Identification du génotype | Statut biologique | Origine |
|---|---|---|---|
| *P. coccineus* subsp. *coccineus* | NI 16 | Cultivé | Rwanda |
| | NI 1108 | Sauvage | Mexique |
| *P. vulgaris* var *vulgaris* | NI 637 | Cultivé | Brésil |
| | X 484 | Cultivé | Equateur |
| | X 707 | Cultivé | Colombie |

Le choix définitif des génotypes a été confirmé par des essais préalables d'hybridations interspécifiques.

**1.2 Conditions de culture**

Les semences sont scarifiées, puis mises en pré-germination dans des boîtes de Pétri, sur papier filtre imbibé d'eau distillée. Elles passent deux à trois jours à l'obscurité dans une étuve (24 ± 1°C). L'apparition des premiers organes radiculaires et/ou foliaires marque la levée. Les plants sont empotés dans du terreau et placés dans une chambre conditionnée, caractérisée par une température jour/nuit de 24/20°C ± 1°C, une humidité relative de 75% ± 20%, une photopériode jour/nuit de 12h/12h et une intensité lumineuse avoisinant 170µmol.m$^{-2}$.s$^{-1}$.

Le substrat est composé de : 80% de terreau Klasmann 4 spécial n°26, 15% de tourbe, 5% de sable du Rhin et d'engrais organique (environ 6g/10L de mélange). Il est régulièrement arrosé et enrichi par une solution nutritive (Otoul & Le Marchand, 1974) dès la huitième semaine après le semis. Lorsque les plantules sont suffisamment développées, elles sont transplantées dans des sachets de polyéthylène, d'une contenance de 3 litres ou dans des pots ayant la même capacité. Le repiquage est fait dans le substrat décrit ci-dessus et la conduite des génotypes a lieu dans les mêmes conditions climatiques. L'aménagement de l'espace disponible pour faciliter à la fois la croissance des plantes et les différentes opérations des essais se fait au quotidien.

Dans le souci de disposer en permanence de semences et du matériel végétal utilisé dans les programmes d'hybridations, des semis échelonnés sont planifiés. Les plantes qui ont tendance à fleurir précocement (cas des génotypes de *P. vulgaris* dont la croissance est pseudo-déterminée) sont semées mensuellement. Les plantes plus tardives et à croissance indéterminée (cas des génotypes de *P. coccineus*) sont semées tous les deux à trois mois.

**Chapitre 2.** TECHNIQUES DE BASE UTILISEES

### 2.1 Autopollinisations

Les génotypes de l'espèce *Phaseolus vulgaris* (NI637, X484 et X707) sont autogames. Les fleurs sont tout simplement marquées en matinée, le jour de l'anthèse.

Chez l'espèce allogame *P. coccineus*, les génotypes (NI16 et NI1108) sont pollinisés manuellement le jour de l'anthèse. Le gynécée est ressorti de la carène par une légère courbure en tirant les pétales vers l'arrière. Ensuite, la fine couche qui recouvre le stigmate est grattée à l'aide d'une pointe de crayon (Camarena, 1988) pour favoriser l'adhérence du pollen sur le stigmate. Cette opération doit être menée avec précaution pour éviter d'endommager le style et le stigmate. En outre, la carène est remise en place pour assurer le maintien de l'humidité initiale et favoriser le processus de fécondation.

### 2.2 Technique d'hybridation interspécifique

Les croisements interspécifiques sont réalisés selon la méthode de Buishand (1956). Cette opération délicate est à la base de l'obtention d'une descendance hybride. Il est essentiel que la maturité du pollen du parent donneur coïncide avec la période de réceptivité du stigmate (Parton *et al.*, 2001).

Les fleurs sont sélectionnées sur les génotypes maternels, puis elles sont émasculées la veille de l'anthèse à l'aide d'une pince.

La pollinisation s'effectue le même jour ou le lendemain au plus tard. Il s'agit de prélever la carène de la fleur du parent donneur, ce qui permet de retirer une partie du style muni d'étamines. La poche contenant les étamines est alors utilisée pour recouvrir le stigmate de la fleur du parent receveur. Le contact entre les grains de pollen et le stigmate est ainsi facilité et l'humidité est maintenue pendant les premiers jours après la pollinisation. Les cas non désirés de pollinisation intra et interspécifiques sont évités lors des manipulations du matériel végétal (castration et pollinisations) en trempant les instruments utilisés à chaque fois dans une solution d'éthanol pur.

**2.3 Protocole histologique pour l'observation des embryons *in vivo***

Les coupes histologiques sont réalisées suivant le protocole proposé par la firme ™Technovit, inspiré de Ruzin (1999), décrit par Geerts *et al.* (2001) et amélioré par Toussaint *et al.* (2002).

**2.3.1  Prélèvement du matériel végétal et collecte de gousses pour l'histologie**

Les gousses autofécondées ou hybrides destinées à la réalisation de coupes histologiques sont prélevées en matinée. Elles sont âgées de un (1) à 14 JAP. Cependant, la plupart de nos observations portent sur des embryons provenant des gousses âgées de 3 JAP à 14 JAP.

La **Figure 22** indique la répartition des gousses autofécondées (*P. vulgaris* et *P. coccineus*) et hybrides réciproques destinés à l'étude histologique, entre 3 et 14 JAP.

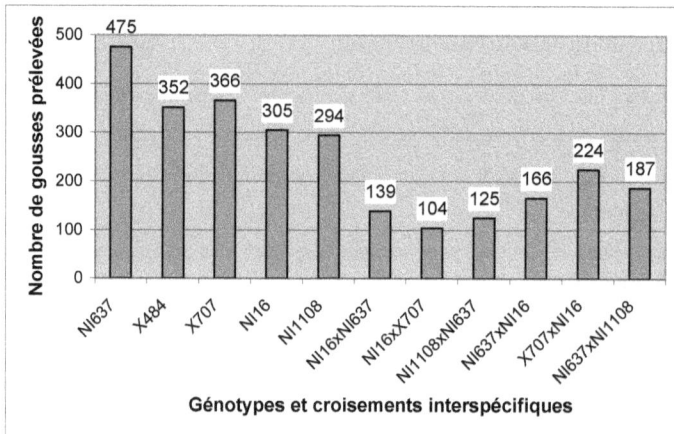

**Figure 22**. Nombre total de gousses prélevées par génotype autofécondé (*P coccineus* et *P. vulgaris*) et par combinaison génotypique entre 3 et 14 JAP.

Les génotypes autogames ont fourni plus de gousses que les génotypes allogames. Lors des croisements, les combinaisons *P. vulgaris* (♀) x *P. coccineus* ont fourni plus de gousses que la combinaison réciproque. Dans l'ensemble, un nombre minimum de 100 gousses a été observée par génotype et combinaison génotypique en vue de procéder aux observations histologiques des embryons et ovules. La difficulté d'obtention des gousses hybrides *P. coccineus* (♀) x *P. vulgaris* a été surmontée par la réalisation d'un nombre important d'hybridations dans ce sens du croisement.

### 2.3.2 Préparation des coupes histologiques

Les objets sont fixés pendant 24 heures dans une solution tampon à base de glutaraldéhyde et paraformaldéhyde, à 4°C. Les ovules sont préalablement incisés pour faciliter la pénétration du fixateur dans les tissus.

La préparation du fixateur est faite en dissolvant 4 g de paraformaldéhyde dans 47,5 ml d'une solution 0,1 M de $NaH_2PO_4$ à 60°C sous hotte aspirante. Quelques gouttes de NaOH 0,1 N sont rajoutées si la dissolution ne se fait pas aisément. Ensuite on ajoute 5 ml de glutaraldéhyde à la solution précédente de $NaH_2PO_4$ tout en ajustant le pH à 6,8. Après, on plonge les échantillons fraîchement prélevés dans le fixateur à 4°C en agitation (environ 5 ml de solution pour 10 $mm^3$ d'échantillon), pendant 24 heures, au réfrigérateur. Afin d'améliorer la pénétration du fixateur, les objets en solution subissent un passage sous vide pendant 15 minutes, à température ambiante. Cela permet l'échappement des gaz retenus par les tissus. Les échantillons peuvent séjourner dans le fixateur durant un mois, à 4°C dans des flacons fermés hermétiquement.

La solution de rinçage est identique à celle du fixateur, abstraction faite des matières actives du fixateur. Sa molarité est abaissée à 0,3M. L'échantillon est rincé trois fois pendant une heure dans une solution faite d'un mélange (volume/volume) de $Na_2HPO_4$ 0,3 M et $KH_2PO_4$ 0,3 M maintenue à pH 6,6. Le matériel végétal est ensuite entreposé dans cette solution tampon, à 4°C pour un traitement ultérieur.

La déshydratation se fait à la température ambiante de la pièce par une succession de six bains de quinze minutes chacun, dans un gradient de concentration d'alcool éthylique (éthanol) croissant : 30%, 50%, 70%, 90%, 95% et 100%. Les objets peuvent séjourner plusieurs jours dans l'éthanol 70% à 4°C.

La pré-infiltration a lieu dans un mélange de résine pure ($^{TM}$Technovit 7100) et d'éthanol absolu ou de NN-Dimethylformanide (Aldrich 27,054-7), volume pour volume, dans un récipient en verre. Elle dure 24 h, à une température de 4°C.

L'infiltration est faite dans un mélange de 1 g de durcisseur I dans 100 mL de résine pure $^{TM}$Technovit 7100 pendant 5 min sous agitation. Cette solution reste stable plus d'un mois à 4°C et est nommée : solution A. Puis, on plonge l'objet dans ce mélange à l'intérieur des plaques multi-puits pendant 24 h au moins, à 4°C. Les tissus infiltrés deviennent translucides et coulent au fond du récipient d'infiltration.

L'enrobage est fait en mélangeant 15 mL de solution A à 1 mL de durcisseur II, sur un agitateur magnétique. Les objets sont ensuite déposés et orientés dans les cavités du moule histoform. La solution d'enrobage est coulée pour remplir les cavités. Les objets sont réajustés, si nécessaire, et chaque cavité est recouverte d'une lamelle plastique pour éviter l'oxygénation de la résine. Le moule est laissé à température du laboratoire jusqu'à polymérisation de la résine (environ 2 h). Le film plastique est alors retiré et les excédents de résine sont nettoyés. Ensuite, le support histobloc est encastré dans la cavité de l'histoform. On mélange la solution liquide de $^{TM}$Technovit 3040 à la poudre jaune 3040 jusqu'à obtention d'un liquide sirupeux que l'on verse rapidement dans l'histobloc de manière à recouvrir légèrement la fente centrale. La polymérisation dure 5-10 min à température ambiante, puis les excédents de résine sont enlevés. Le démoulage se fait délicatement à l'aide d'une spatule en téflon. Les objets sont notés au crayon sur la résine, à l'intérieur de l'histoform.

Les coupes de 3 à 5μm sont effectuées à l'aide d'un microtome rotatif (Micron H360) équipé de couteaux Ralf de verre. Les coupes sériées sont réalisées dans l'axe longitudinal des ovules en vue d'observer l'embryon et le suspenseur dans toute leur longueur. Elles sont ensuite colorées au bleu de toluidine selon la procédure de Gutman (1995) pour l'observation générale des structures. L'observation de coupes histologiques suivant l'axe longitudinal médian porte surtout sur la localisation des grains d'amidon et les modifications structurales survenant au cours du temps, au niveau des téguments, du nucelle, de l'endothélium, de l'albumen et de l'embryon, par définition suspenseur et embryon proprement dit selon Brady & Combs (1998). L'observation des cellules transfert à l'interface de la structure ovulaire et embryonnaire a été faite dans certains cas.

La coloration des coupes se déroule dans des bains successifs de 10 minutes, dans une solution de $Na_2HPO_4$ (1%) et une autre d'acide périodique (0,5%). Un rinçage dans de l'eau déminéralisée est effectué, puis un nouveau bain est fait dans le réactif de Schiff's [Vel 3370], suivi d'un nouveau rinçage à l'eau déminéralisée puis d'un passage dans une solution de bisulfite de sodium (2%). Un rinçage abondant à l'eau déminéralisée en agitant ou à la pissette est recommandé avant un bref passage de l'échantillon dans une solution de Toluidine Bleu 0 [Sigma T3260] (solution à 0,05% dans l'acide citrique 50 mM). Deux rinçages à l'eau déminéralisée et le séchage à l'étuve à 35°C terminent le protocole.

### 2.3.3 Montage des lamelles couvre-objet et examen des coupes

Avant le montage des lamelles couvre-objet, les lames porte-objet sont plongées dans le xylène (sous hotte) jusqu'à ce qu'elles soient couvertes. La lame ne doit pas sécher. Sur la lamelle couvre-objet, on dépose selon la surface de celle-ci 1-3 gouttes de DPX (BDH360294H) [dibutylphthalate (10 mL) + polystyrène (25 g) + xylène (70 mL)]. Puis, on applique la lamelle par l'un des petits côtés en la laissant tomber de façon progressive afin d'éviter la formation de bulles d'air. Lorsque la lamelle est complètement horizontale, on appuie légèrement à l'aide d'une spatule en plastique sur le centre de la lamelle. Le séchage à 35°C en étuve avec un poids de 40 g sur le montage dure 5h. L'excès de DPX est ensuite retiré à l'aide d'une spatule et l'on frotte à l'acétone ou à l'éthanol. La lame est prête pour l'observation microscopique; elle est identifiée à l'aide d'un marqueur.

Les coupes sont observées à l'aide d'un microscope Nikon (modèle Eclipse E800). Les images sont prises par une caméra vidéo couleur de marque Nikon, type Digital Sight DS-U1, puis elles sont saisies par le logiciel Archive Plus de Lucia ou le logiciel NIS utilisant le contraste Gamma.

**Chapitre 3.** DESCRIPTION DES ESSAIS ET ANALYSES STATISTIQUES

L'objectif est de comparer le développement des embryons provenant de l'autofécondation ou des hybridations réciproques, afin d'identifier les évènements histologiques liés au développement normal ou perturbé de l'embryogenèse au sein du genre *Phaseolus*.

**3.1 Effectifs**

Pour chaque période du prélèvement, on analyse au minimum 5 ovules chez les parents et les hybrides. Le **Tableau 10** montre les effectifs obtenus pour les observations.

**Tableau 10.** Nombre de croisements, taux de nouaisons et effectif d'ovules hybrides prélevés pour l'étude histologique.

| Hybridations interspécifiques | Combinaisons génotypiques ($♀$ x $♂$) | Nombres de croisements | Nombre de nouaisons | Pourcentage de nouaisons (%) | Nombre d'ovules prélevés |
|---|---|---|---|---|---|
| PC ($♀$) x PV | NI16 x NI637 | 1142 | 405 | 35,5 | 653 |
| | NI1108 x NI637 | 659 | 271 | 41,1 | 519 |
| | NI16 x X707 | 1254 | 385 | 30,7 | 872 |
| PV ($♀$) x PC | NI637 x NI16 | 465 | 340 | 73,1 | 294 |
| | NI637 x NI1108 | 361 | 216 | 59,8 | 459 |
| | X707 x NI16 | 380 | 224 | 58,9 | 388 |

PC = *Phaseolus coccineus* ; PV = *Phaseolus vulgaris*.

Les comparaisons concernent des embryons de même âge dont 45 mesures sont prises à chaque fois pour un paramètre donné, que ce soit des embryons autofécondés ou hybrides.

**3.2 Paramètres observés et terminologie**

Les principaux paramètres observés, décrits et comparés tiennent compte du nombre de jours après pollinisation (JAP).

**3.2.1 Données qualitatives**

Les changements morphologiques et histologiques subis par l'embryon lors des premières étapes de sa croissance contribuent à une meilleure connaissance du développement d'embryons zygotiques et à la suggestion des solutions pour contourner les barrières d'incompatibilité entre *P. coccineus* et *P. vulgaris* d'une part, et favoriser par la suite l'obtention des hybrides viables entre ces deux espèces, d'autre part.

Les observations portent sur les paramètres suivants:

- le stade de développement de l'embryon : selon Brady & Clutter (1972), l'embryon peut être globulaire, cordiforme ou cotylédonaire (y compris les stades intermédiaires) ;
- l'aspect général de l'embryon : l'embryon peut être moins développé que le suspenseur au sein d'une même espèce ou dans les combinaisons de génotypes ;
- la forme du suspenseur : le suspenseur peut être filiforme ou massif ;
- l'arrangement spatial des cellules du suspenseur : ces cellules peuvent être contiguës, les unes à la suite des autres, ou bien, elles présentent des interstices entre elles;
- l'intégrité de l'endothélium : l'endothélium est la structure ovulaire limitant le tégument interne et le sac embryonnaire. Il peut garder son intégrité au cours du processus embryogénique ou présenter des signes de prolifération selon le génotype ou la combinaison génotypique ;
- la présence de globules d'amidon dans les téguments : la coloration au bleu de toluidine permet de localiser les globules d'amidon grâce à une coloration noire de ceux-ci dans les tissus ovulaires ;
- l'état du nucelle : selon le degré de résorption du nucelle; ce dernier peut présenter une forme en U ou une forme plus lâche chez un génotype ou une combinaison donnée.

### 3.2.2 Données quantitatives

Les mesures faites à l'aide du logiciel Archive Plus de Lucia portent sur les structures embryonnaires et ovulaires suivantes: le nombre de cellules du suspenseur, la longueur du suspenseur, la surface du suspenseur, la longueur de l'embryon (suspenseur inclus), la surface du nucelle et l'épaisseur de l'endothélium.

- Les cellules du suspenseur sont dénombrées individuellement sur le plan de la coupe.
- La longueur du suspenseur (μm) est prise de la base du suspenseur (côté micropylaire) jusqu'au point de jonction entre le corps du suspenseur et l'embryon proprement dit.
- La surface du suspenseur (μm²) de chaque embryon est déterminée après avoir délimité le périmètre du suspenseur.
- La longueur de l'embryon (μm) est évaluée entre la base du suspenseur (côté micropylaire) et le point apical de l'embryon proprement dit (côté chalazien).
- La largeur de l'embryon (μm) est prise sur la partie la plus étendue de l'embryon proprement dit, située entre les deux parois endothéliales, vers le sac embryonnaire.

- L'épaisseur de l'endothélium (µm) est mesurée en plusieurs points de l'endothélium, à proximité de l'embryon et à mi-hauteur de l'ovule.

### 3.3 Analyses des données

### 3.3.1 Analyse descriptive

Nous avons effectué une analyse de variance (ANOVA I) suivie du test de Tukey à un niveau de signification de 95%.

Toutes les analyses statistiques ont été réalisées avec le logiciel MINITAB version 14.

### 3.3.2 Modélisation de la croissance en longueur des embryons

Nous avons entrepris de modéliser la croissance en longueur des embryons parentaux. Les courbes de croissance ou modèles de croissance sont des fonctions mathématiques représentant de manière générale l'évolution des paramètres (taille, poids, etc....) d'un organisme ou organe, en fonction du temps. Elles sont utiles dans ce contexte pour expliquer la dynamique de l'embryogenèse.

Le choix d'un modèle à courbe dissymétrique est requis dans notre cas en raison de l'allure des rythmes de croissance variée d'un génotype à un autre ou d'une combinaison génotypique à une autre. Le modèle de Nelder (1961 & 1962) paraît adéquat à notre étude en raison de sa simplicité et de sa capacité à représenter divers types de croissances. Rappelons sa formulation mathématique:

$$y = M / \{1 + n \; exp[-(x-a)/b]\}^{1/n}$$

Les différents paramètres de l'équation et ses avantages ont été définis au paragraphe 5.3, de la 1ère partie de ce travail. Il est utile de repréciser que "n" est un paramètre sans dimension intervenant dans les modèles de forme variable.

Les différents paramètres (a, b et M) ont été calculés à l'aide du Solveur de Excel XP Professionnel, en suivant la loi des moindres carrés entre les valeurs expérimentales et les valeurs calculées. Ces variables a, b et M expriment respectivement le point d'inflexion de la courbe (point de croissance maximale en JAP), l'étalement du phénomène de croissance exponentielle sur l'axe des abscisses en JAP (associé à la vitesse de croissance) et la valeur extrême vers laquelle tend la taille finale de l'embryon (en µm).

Le calcul de la vitesse moyenne de croissance pourra guider dans l'interprétation des résultats, pour compléter les comparaisons entre génotypes.

PARTIE III

# RÉSULTATS ET DISCUSSIONS

Chapitre 1. AUTOFÉCONDATIONS ET CROISEMENTS ENTRE *P. VULGARIS* ET *P. COCCINEUS*

**1.1 Autofécondations**

Le **Tableau 11** présente les résultats des autofécondations manuelles réalisées chez *P. coccineus* et des autopollinisations naturelles chez *P. vulgaris*.

**Tableau 11.** Pourcentage d'avortement des gousses lors des autofécondations.

| Génotypes | Nombre de pollinisations | Nombre de gousses matures | Nombre de gousses avortées | Pourcentage de gousses avortées |
|---|---|---|---|---|
| NI16 (PC) | 437 | 329 | 108 | 24,7 % |
| NI1108 (PC) | 287 | 198 | 89 | 31,0 % |
| NI637 (PV) | 121 | 106 | 15 | 12,4 % |
| X484 (PV) | 225 | 184 | 41 | 18,2 % |
| X707 (PV) | 133 | 112 | 21 | 15,8 % |

PC = *P. coccineus*    PV = *P. vulgaris*

Les taux d'avortement des gousses sont en général plus élevés chez *P. coccineus*. Ces taux d'avortement se répartissent différemment en fonction du nombre de jours après pollinisation. Les **Figures 23** et **24** indiquent cette répartition respectivement chez *P. vulgaris* et *P. coccineus*.

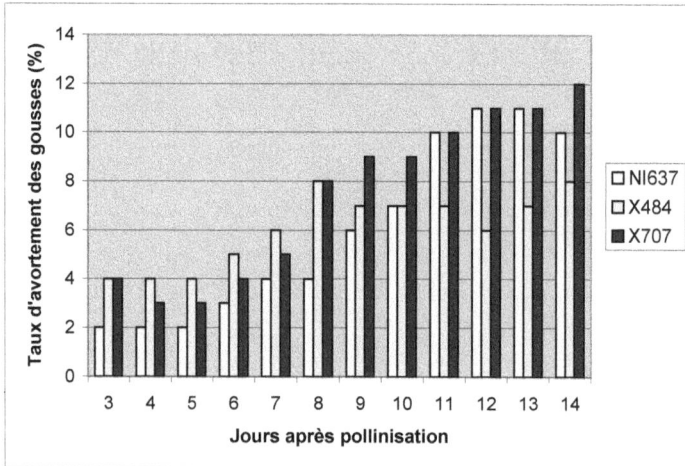

**Figure 23.** Évolution du taux d'avortement des gousses de 3 à 14 JAP lors des autofécondations des génotypes NI637, X484 et X707 de *P. vulgaris*.

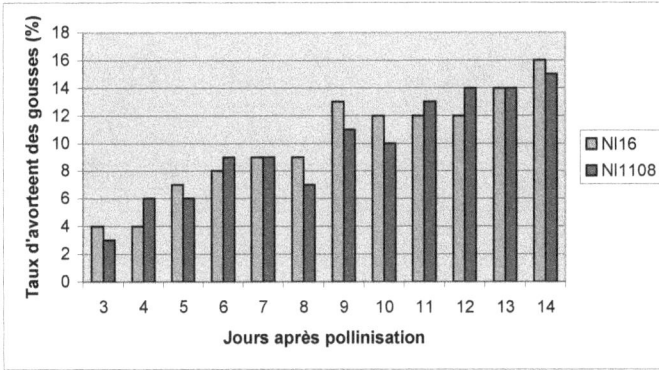

**Figure 24.** Évolution du taux d'avortement des gousses de 3 à 14 JAP lors des autofécondations des génotypes NI16 et NI1108 de *P. coccineus.*

Les avortements de gousses autofécondées augmentent progressivement entre 3 et 14 JAP, mais ils restent très limités. En général, le taux d'avortements augmente en fonction du nombre de jours après pollinisation chez les génotypes des deux espèces, sans dépasser le seuil de 16%. Les taux d'avortements des génotypes de *P. vulgaris* sont plus faibles que ceux des génotypes de *P. coccineus* pour les gousses de même âge.

Chez *P. vulgaris*, le génotype X707 caractérisé par une moindre aptitude à la floraison dans nos conditions de travail montre des taux d'avortement des gousses plus élevés.

Par contre, chez l'espèce *P. coccineus*, les deux génotypes (le cultivar NI16 et le génotype sauvage NI1108) ne présentent pas de différence significative du taux d'avortement de gousses en fonction du nombre de jours après pollinisation.

### 1.2 Croisements réciproques entre *P. vulgaris* et *P. coccineus*

Les signes extérieurs de l'avortement des embryons se manifestent par un ralentissement de la croissance en longueur de la gousse, un ramollissement et jaunissement de celle-ci suivis du dépérissement des tissus et de l'abscission de la gousse.

Le **Tableau 12** donne les résultats des hybridations entre *P. coccineus* et *P. vulgaris*.

68

**Tableau 12.** Nombre d'hybridations réalisées entre *P. coccineus* et *P. vulgaris*, et taux d'avortement des gousses.

| Combinaisons génotypiques | Nombre d'allopollinisations | Nombre de gousses avortées avant 14 JAP | Taux de gousses avortées avant 14 JAP (%) |
|---|---|---|---|
| NI16 x NI637 | 1142 | 1085 | 95,0 |
| NI16 x X707 | 1254 | 1182 | 94,6 |
| NI1108 x NI637 | 659 | 619 | 93,9 |
| NI637 x NI16 | 269 | 107 | 39,8 |
| NI637 x NI1108 | 361 | 157 | 43,5 |
| X707 x NI16 | 380 | 182 | 47,9 |

Le génotype cité en premier est le parent maternel.

Les taux d'avortement des gousses sont plus faibles dans les croisements où *P. vulgaris* est le parent maternel par rapport aux croisements *P. coccineus* (♀) x *P. vulgaris*.

La combinaison génotypique NI1108 (♀) x NI637 présente le taux d'avortement des gousses le plus faible par rapport aux deux autres croisements utilisant le cytoplasme de *P. coccineus*.

Les **Figures 25** et **26** présentent l'évolution des taux d'avortement des gousses, entre 3 et 14 JAP, lors des croisements réciproques entre *P. coccineus* et *P. vulgaris*.

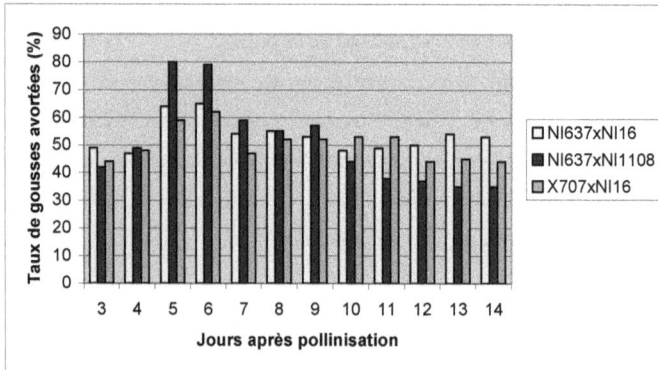

**Figure 25.** Évolution des taux d'avortement des gousses entre 3 et 14 JAP lors des croisements *P. vulgaris* (♀) x *P. coccineus*.

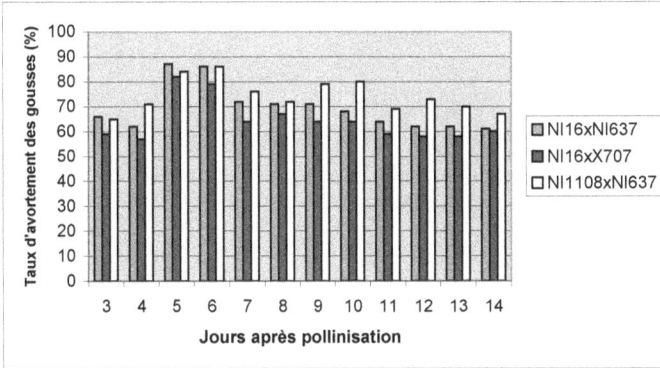

**Figure 26.** Évolution des taux d'avortement des gousses entre 3 et 14 JAP lors des croisements entre *P. coccineus* (♀) et *P. vulgaris.*

Quel que soit le sens du croisement, la fréquence d'avortement des gousses atteint un maximum entre 5 et 6 JAP. Après 7 JAP, les taux d'avortement se réduisent tout en restant constant pour chaque combinaison génotypique.

**1.3 Descendants hybrides obtenus lors des croisements réciproques**

**1.3.1   Croisements *P. vulgaris* (♀) x *P. coccineus***

Les croisements effectués entre NI637 (♀) et NI16, d'une part, et entre NI637 (♀) et NI1108, d'autre part, ont fourni des graines matures. Celles-ci ont été semées et ont donné des plantes hybrides (F₁) ayant des caractères morphologiques intermédiaires à ceux des parents.

La **Planche III** montre la taille et la couleur de la fleur et des graines, ainsi que les dimensions des bractées chez les plantes hybrides NI637 (♀) x NI16.

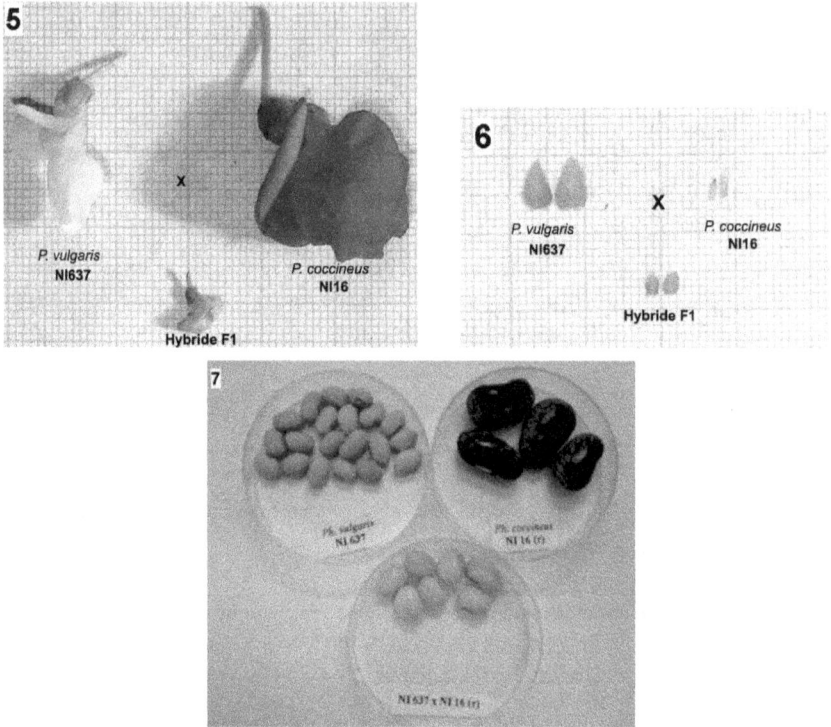

**Planche III.** Illustration des caractères morphologiques discriminants des génotypes parentaux (NI637 de *P. vulgaris* et NI16 de *P. coccineus*) et l'hybride $F_1$ résultant (*P. vulgaris* (♀) x *P. coccineus*). **Photo 5:** Couleur des fleurs des génotypes parentaux et de l'hybride résultant. **Photo 6:** Taille et forme des bractées chez les génotypes parentaux et l'hybride. **Photo 7:** Taille et couleur des graines des génotypes parentaux et de l'hybride (Photos: P. Nguema).

L'hybride $F_1$ obtenu entre NI637 (♀) et NI16 présente des traits intermédiaires pour les caractères choisis. La fleur hybride est de petite taille et présente une couleur (rose) intermédiaire entre les deux parents. Les bractées, de taille moyenne entre les parents, sont de forme arrondie et de largeur médiane par rapport aux bractées des parents.

Les graines obtenues en $F_1$ ont également une taille médiane entre les parents, mais avec une coloration à dominance maternelle et une forme plus ronde.

La **Planche IV** présente les plantes des génotypes NI637 et NI16, ainsi qu'une plante hybride résultant du croisement NI637 (♀) x NI16.

**Planche IV.** Illustration du port des plantes parentales NI637 (**Photo 8**) et NI16 (**Photo 9**), ainsi que de l'hybride résultant, NI637 (♀) x NI16 (**Photo 10**). Cette dernière est rabougrie par rapport aux plantes parentales. Elle est moins développée et montre des feuilles réduites et de grande taille en même temps, par rapport aux génotypes parentaux (Photos: P. Nguema).

La plante hybride présente un habitus de croissance intermédiaire aux habitus des deux génotypes parentaux. La couleur rose de la fleur hybride est également la résultante de la couleur blanche du parent maternel *P. vulgaris* (NI637) et de celle du pollinisateur *P. coccineus* (NI16).

### 1.3.2 Croisement *P. coccineus* (♀) x *P. vulgaris*

Lors des croisements entre *P. coccineus* (♀) et *P. vulgaris*, les combinaisons impliquant les cultivars (NI637 ou X707) de *P. vulgaris* et le cultivar NI16 de *P. coccineus* n'ont pas fourni de graines matures. Par contre, 16 graines matures ont été obtenues dans le croisement

NI1108 (♀) x NI637. Sur 8 graines semées, 4 ont germé. La croissance de deux plantules issues de ces semis s'est arrêtée deux semaines après la germination.

La **Figure 27** illustre la germination des graines des génotypes parentaux et celle de la première génération hybride *P. coccineus* (♀) x *P. vulgaris*.

**Figure 27.** Germination des graines des génotypes parentaux NI1108 (*P. coccineus* = PC) et NI637 (*P. vulgaris* = PV), et hybrides NI1108 (♀) x NI637 (Photo: Nguema).

Six jours après le semis, la graine du génotype NI1108 de *P. coccineus* montre une germination hypogée, alors qu'elle est épigée chez le génotype NI637 de *P. vulgaris*. La graine hybride provenant de la combinaison génotypique NI1108 (♀) x NI637 présente une germination semi-épigée.

**1.4 Discussion**

La nouaison des gousses a lieu aussi bien lors des autofécondations que lors des hybridations, mais une barrière au développement de l'embryon se manifeste plus tard.

Les avortements de gousses (**Tableau 11**) s'expliquent chez *P. vulgaris* par des phénomènes intrinsèques à la plante, alors que chez *P. coccineus*, ces avortements résultent essentiellement des manipulations manuelles des pièces florales des génotypes.

Lors des hybridations interspécifiques (**Tableau 12**), les avortements de gousses sont réguliers (**Figures 25 & 26**) quelle que soit la combinaison génotypique. Cependant, on note

73

une meilleure aptitude à l'hybridation entre le cultivar NI637 de *P. vulgaris* et la forme sauvage NI1108 de *P. coccineus*. Il convient d'augmenter le nombre d'hybridations pour avoir un échantillon suffisant dans le croisement entre ces deux génotypes, comparativement aux croisements entre les cultivars des deux espèces considérées. En effet, il a été possible d'obtenir des gousses hybrides NI1108 (♀) x NI637 âgées de 14 JAP alors que lors des croisements entre les cultivars de *P. vulgaris* (NI637 ou X707) et le cultivar NI16 de *P. coccineus*, l'abscission des gousses était systématique à 10 et 11 JAP respectivement.

De nombreux auteurs suggèrent le sauvetage d'embryons grâce à la culture *in vitro* pour garantir la réussite des croisements au sein du genre *Phaseolus* (Bannerot, 1983 ; Camarena & Baudoin, 1987; Mejia-Jimenez *et al.*, 1994; Honda & Tsutsui, 1997 ; Honda *et al.*, 2003). C'est la meilleure alternative pour obtenir des plantes hybrides viables chez *Phaseolus* et d'autres genres végétaux tels que *Vigna* (Barone *et al.*, 1992 ; Gomathinayagam *et al.*, 1998; Kouadio *et al.*, 2006), *Cicer* (Mallikarjuna, 1999), *Arachis* (Vijaya-Laxmi *et al.,* 2003) ou *Cajanus* (Reddy *et al.*, 2001).

Dans tous les cas, les croisements sont plus faciles lorsque *P. vulgaris* est le parent maternel. Un nombre important d'avortements de gousses a lieu à 5 et 6 JAP (**Figures 25 & 26**). Ce délai correspond à une période critique du développement d'embryons hybrides entre *P. vulgaris* et *P. coccineus*. Des observations similaires ont été faites lors des croisements entre *P. vulgaris* et *P. polyanthus* (Geerts *et al.*, 2002; Baudoin *et al.*, 2004). Ces observations présument de l'existence de barrières post-zygotiques chez *Phaseolus* se traduisant par des avortements fréquents d'embryons hybrides tout comme l'ont aussi signalé Sage & Webster (1990) et Lecomte *et al.* (1998).

Au sein du genre *Phaseolus*, le taux de nouaison est variable d'un génotype à un autre et d'un croisement à l'autre. Ces résultats sont similaires à ceux obtenus par Geerts (2001) lors des croisements entre *P. polyanthus* et *P. vulgaris* (15%). Ceci permet d'avoir une idée de la réactivité des ovules à la pollinisation, sans être une preuve définitive de fécondation.

Les caractères discriminants relatifs à la couleur des fleurs et à l'habitus de croissance de la plante d'une part, et au type de germination des génotypes parentaux, d'autre part, constituent de bons indices d'hybridité de la descendance obtenue en $F_1$ lors des croisements réciproques *P. coccineus* x *P. vulgaris*. Dans le cas de ces hybridations, l'incompatibilité est surtout liée au manque de développement de l'embryon. L'origine de cette incompatibilité post-zygotique peut être attribuée aux changements intervenus dans les tissus ovulaires, à la formation de tumeur dans les ovules ou à la différence des génomes entre génotypes (Yeung & Meinke, 1993).

**Chapitre 2. DEVELOPPEMENT EMBRYONNAIRE CHEZ *P. COCCINEUS* ET *P. VULGARIS***

D'une manière générale, selon Raven *et al.* (2003), l'embryogenèse chez les plantes à graines concerne la période allant de la fécondation de la cellule oeuf jusqu'à ce que l'embryon soit en repos dans une graine mûre. Du point de vue cellulaire (Devic & Guilleminot, 2001), cette période peut être subdivisée en une phase précoce, caractérisée par la prolifération cellulaire intimement liée aux différenciations spécifiques selon la destinée des cellules, puis une phase intermédiaire de maturation marquée par l'atteinte de dimensions définitives pour l'embryon, la différenciation des tissus et l'accumulation des matières de stockage; et enfin une phase tardive au cours de laquelle l'embryon se prépare à la dessiccation et atteint finalement un état d'inactivité. Les questions se rapportant au développement de l'embryon peuvent être différentes en tenant compte de ces trois phases. L'embryologie descriptive de la toute première phase est l'un des objets de ce travail.

À la suite de la double fécondation, quatre processus complexes sont déclenchés (Friedman, 2001; Yeung *et al.*, 2001; Grini *et al.*, 2002; Nomizu *et al.*, 2004). La paroi de l'ovaire et les structures maternelles apparentées se différencient pour devenir le tissu destiné à protéger les graines. Chaque ovule évolue et s'accommode au développement de l'albumen et de l'embryon. Les téguments constitueront la coque de la graine. Dans le sac embryonnaire, le noyau triploïde se divise pour former rapidement l'albumen qui est un élément nutritif liquide, riche en amidon. Ce sera le principal pourvoyeur de l'embryon en nutriments au cours du développement de ce dernier.

Au fur et à mesure que l'embryon grandit, il occupe progressivement de l'espace au détriment de l'albumen chez un grand nombre de familles végétales. Plus tard, les téguments durcissent et deviennent de véritables pièces protectrices pour la graine. Durant la maturation de l'embryon, les réserves d'amidon augmentent dans les cotylédons puis une partie se convertit en produits lipidiques qui seront une forme définitive de stockage d'énergie (Gallois, 2001; Berger, 1999 & 2003; Pullman & Buchanan, 2003).

**2.1 Embryons de *P. coccineus* : cultivar NI16 et génotype sauvage NI1108**

Les **Planches V** & **VI** illustrent des coupes réalisées dans les ovules des génotypes NI16 et NI1108, contenant des embryons globulaires jeunes.

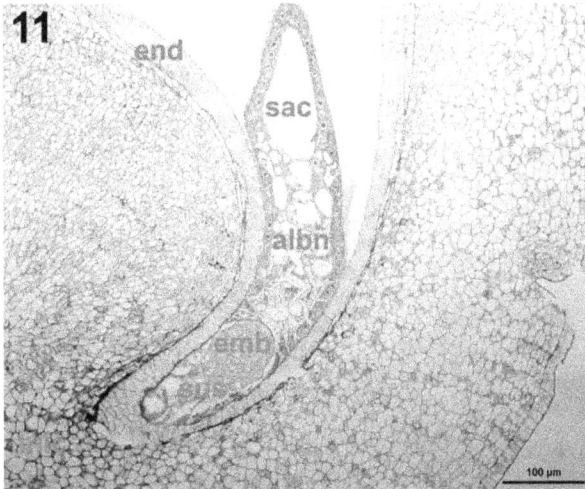

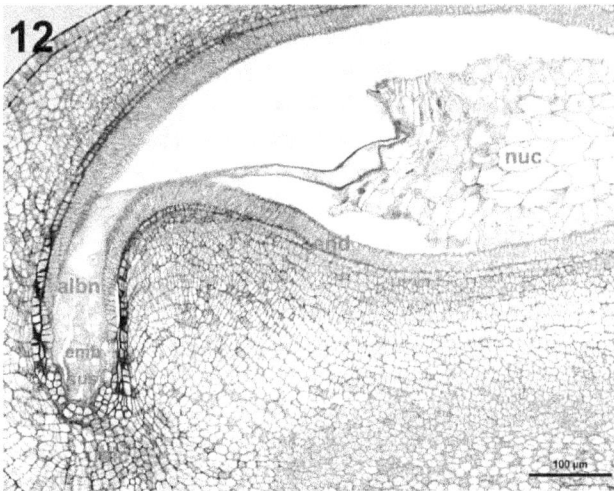

**Planche V.** Coupes longitudinales médianes d'ovules de *P. coccineus* contenant des embryons autofécondés. L'embryon (emb) est pré-globulaire à 3 JAP chez le cultivar NI16 (**Photo 11**) et le génotype sauvage NI1108 (**Photo 12**). Il est limité de part et d'autre par l'endothélium (end) et quelques cellules de transfert (*). L'albumen coenocytique (albn) est formé à partir des divisions du noyau de l'albumen primaire. Il est présent dans la partie micropylaire (mic) de l'embryon jusqu'au nucelle (nuc). Les cellules du nucelle en contact avec le sac embryonnaire (sac) se résorbent en premier lieu (Photos: P. Nguema).

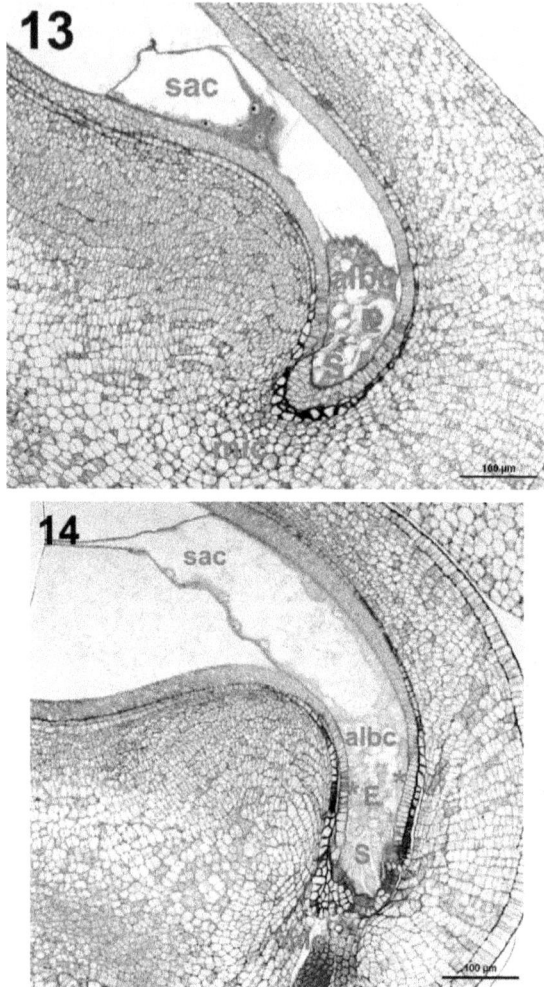

**Planche VI.** Coupes longitudinales médianes d'ovules de *P. coccineus* contenant des embryons autofécondés. À 4 JAP, l'embryon a atteint le stade globulaire jeune (**Photo 13** pour NI16 et **Photo 14** pour NI1108). La base du suspenseur (S) est faite de grandes cellules du côté micropylaire (mic). Les cellules de transfert (*) se développent de part et d'autre de l'embryon et au-dessus de l'embryon proprement dit (E). L'albumen (albc) est en contact avec l'embryon vers le sac embryonnaire (sac). Les cellules d'albumen longent la paroi endothéliale (end) (Photos: P. Nguema).

La **Planche VII** montre des embryons globulaires tardifs et cordiforme jeune du génotype NI16 de *P. coccineus*.

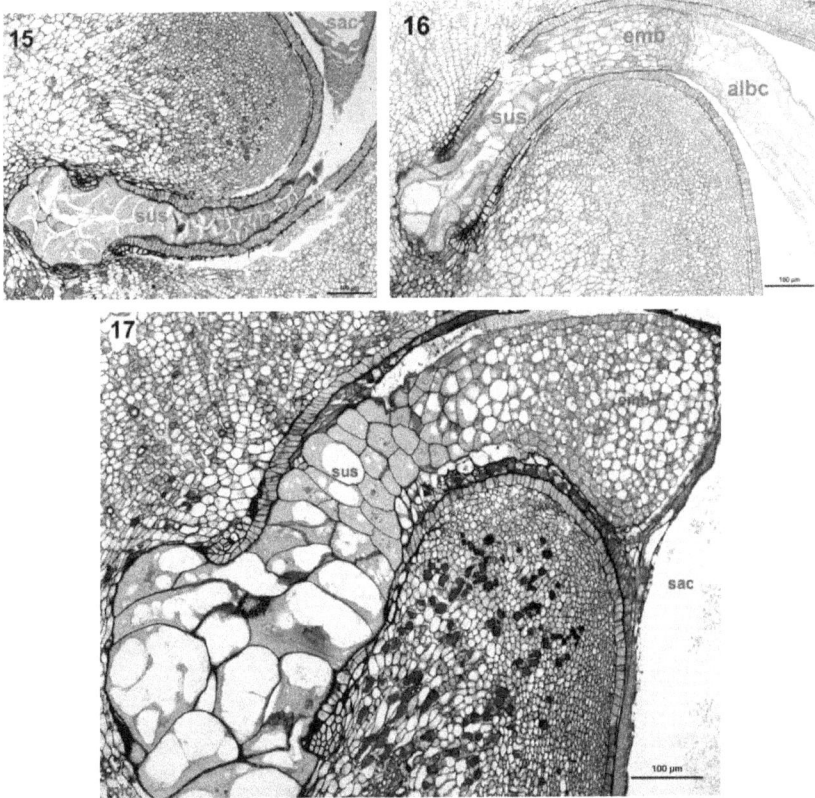

**Planche VII.** Coupes longitudinales médianes dans les ovules de *P. coccineus* (NI16). L'embryon atteint en moyenne le stade globulaire jeune à 6 JAP (**Photo 15**), le stade globulaire tardif à 8 JAP (**Photo 16**) et cordiforme jeune à 10 JAP (**Photo 17**). Du côté micropylaire (mic), on remarque l'ancrage (↓) des cellules de base du suspenseur (sus), servant de support à l'embryon (emb). Il y a un filet de cellules d'albumen (alb) reliant le côté apical de l'embryon et le reste du sac embryonnaire (sac). À 8 et 10 JAP, les cellules basales du suspenseur (sus) au contact du tissu tégumentaire de l'ovule sont devenues plus grandes. L'albumen cellulaire est visible dans le sac embryonnaire. (Photos: P. Nguema).

La **Planche VIII** illustre un embryon globulaire tardif autofécondé du génotype NI1108, ainsi que les stades suivants (cordiforme tardif et cotylédonaire jeune) du développement embryonnaire chez le même génotype.

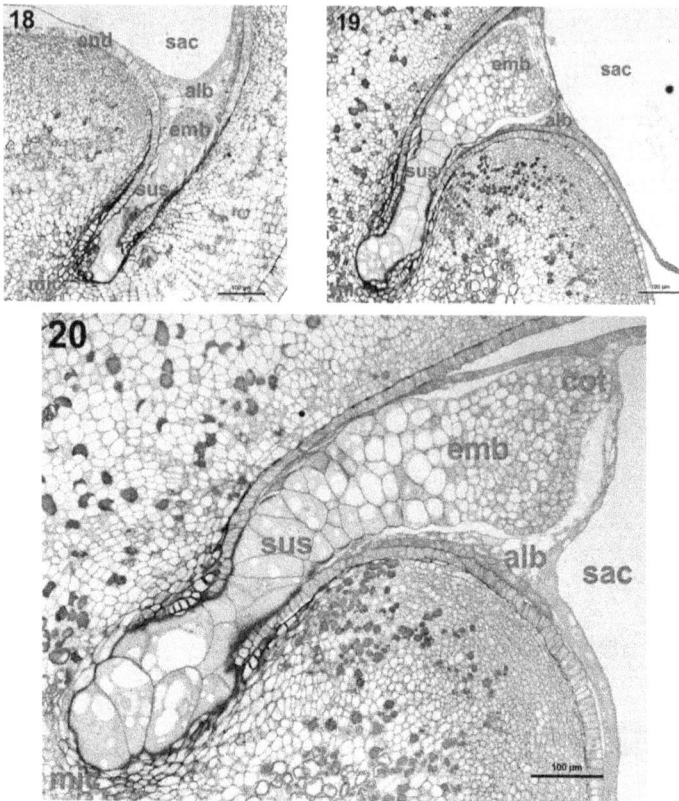

**Planche VIII.** Coupes longitudinales médianes dans des ovules du génotype NI1108 de *P. coccineus*. L'embryon atteint le stade globulaire à 7 JAP (**Photo 18**). Du côté micropylaire (mic), les invaginations des cellules basales du suspenseur (sus) sont moins visibles. L'embryon proprement dit (emb) et le suspenseur sont situés sur un même axe qui ne laisse pas apparaître de clivage entre les deux structures. L'albumen (alb) est cellularisé dans le sac embryonnaire (sac). Vers 9 JAP, l'embryon atteint le stade cordiforme (**Photo 19**), puis il atteint le stade cotylédonaire à 10 JAP (**Photo 20**). Les ébauches de cotylédons (cot) se forment. L'albumen cellulaire est de moins en moins visible au voisinage de l'embryon proprement dit. Par contre les cellules basales du suspenseur sont légèrement hypertrophiées par rapport à celles de l'embryon. Les cellules de transfert (*) sont visibles dans l'ovule contenant l'embryon cotylédonaire (Photos: P. Nguema).

Chez *Phaseolus coccineus*, dès le stade proembryon, des invaginations à partir des parois cellulaires apparaissent à la base du suspenseur, traduisant la mise en place de mécanismes physiologiques spécifiques (Yeung & Meinke, 1993). La position des structures embryonnaires et ovulaires suggère un parcours réduit pour les nutriments entre l'endothélium et le suspenseur (sus), d'une part, et l'embryon proprement dit, d'autre part. À 3 JAP, l'embryon est pré-globulaire (**Planche V, Photos 11 & 12**). C'est à 4 JAP qu'il devient réellement globulaire. À la fin de ce stade, les invaginations de la base du suspenseur sont très développées. L'embryon baigne dans un albumen liquide fortement nucléé (**Planche VI, Photos 13 & 14**). La croissance de l'embryon et surtout de l'albumen, qui reste longtemps coenocytique, est très rapide. Cela se caractérise par la présence de noyaux localisés dans le cytoplasme pariétal du sac embryonnaire (**Planche VII, Photo 15**). Les parois de l'endothélium sont faites de cellules allongées et aucun contact n'existe entre l'embryon proprement dit et ces parois. Les nutriments transiteraient essentiellement par la base du suspenseur, qui reste bien au contact du tissu ovulaire, vers le micropyle. La présence de cellules de transfert est cependant perceptible de part et d'autre de l'embryon. Jusqu'au stade cordiforme, il y a peu de modifications dans la structure générale des cellules suspensoriales. Ces cellules sont épaisses et la plupart des invaginations deviennent moins évidentes (**Planche VIII**) au-delà de ce terme. Cela implique l'existence de nouveaux changements préliminaires à l'initiation cotylédonaire et à la maturation de l'embryon.

### 2.2 Embryons de *P. vulgaris* : les cultivars NI637 et X707

Les **Planches IX & X** montrent des embryons de NI637 et X707 ayant atteint des stades de développement globulaire à globulaire tardif.

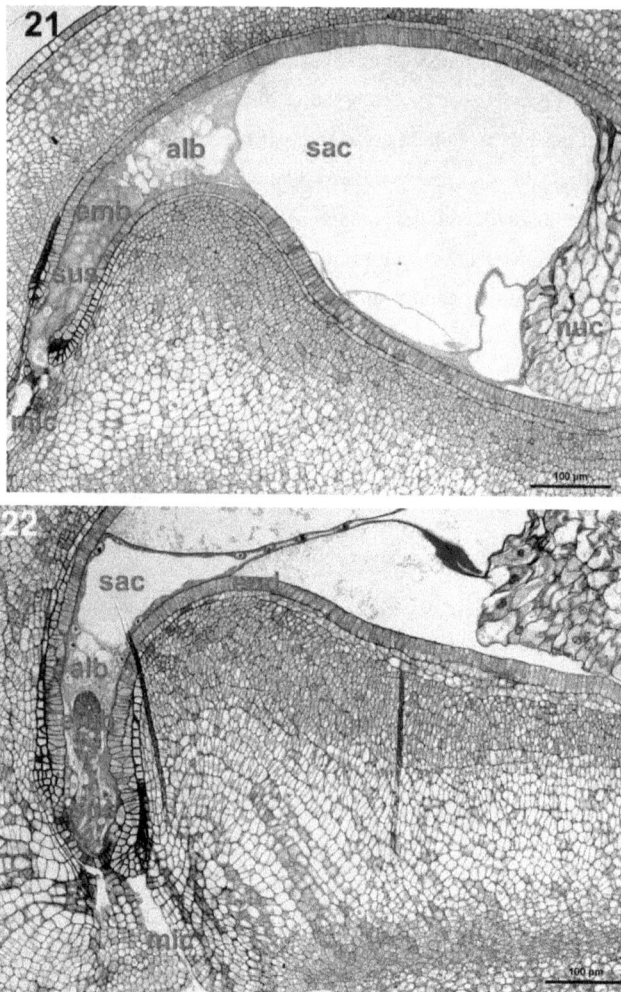

**Planche IX.** Coupes longitudinales médianes des ovules de *P. vulgaris* montrant des embryons autofécondés des génotypes NI637 (**Photo 21**) et X707 (**Photo 22**). À 3 JAP, les embryons (emb) ont atteint le stade de développement globulaire. Du côté micropylaire (mic), la base du suspenseur (sus) est effilée et peu développée. Une masse de cellules d'albumen (alb) borde l'embryon dans le sac embryonnaire (sac) et s'étire vers le nucelle (nuc). La formation de l'albumen cellulaire se fait par une croissance libre, le long de la paroi interne de l'endothélium (end) (Photos: P. Nguema).

81

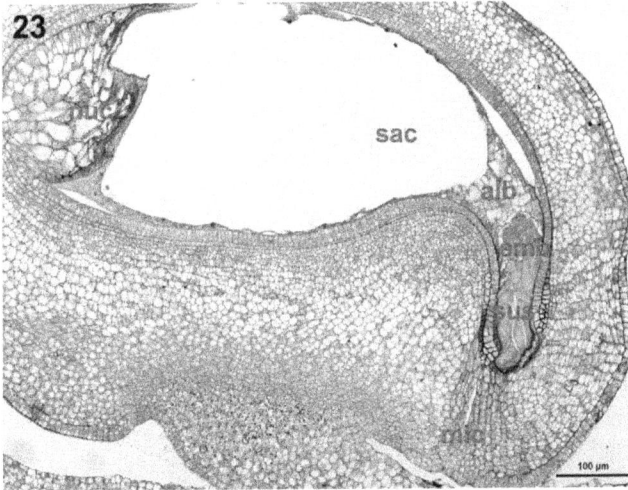

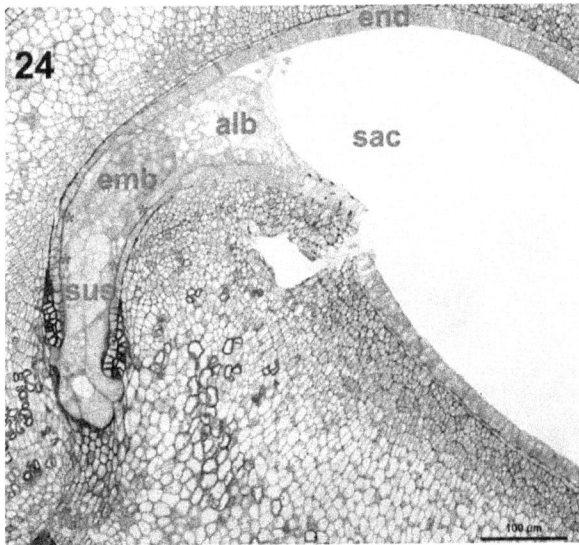

**Planche X.** Coupes longitudinales médianes des ovules de *P. vulgaris* montrant des embryons autofécondés des génotypes NI637 (**Photo 23**) et X707 (**Photo 24**). Vers 4 JAP les embryons (emb) ont atteint le stade de développement globulaire âgé. La base du suspenseur (sus) est composée de cellules de grande taille, vers le micropyle (mic). Elle est bien délimitée par rapport au corps du suspenseur qui est restée filiforme. Les cellules de transfert ( * ) bordent le corps du suspenseur. Elles séparent l'endothélium (end) du corps du suspenseur et s'étalent jusqu'à l'albumen cellulaire (alb), dans le sac embryonnaire (sac) (Photos: P. Nguema).

La **Planche XI** montre des embryons du génotype NI637 de *P. vulgaris* âgés de 6, 8 et 10 JAP, ayant respectivement atteint les stades de développement cordiforme, cotylédonaire jeune et cotylédonaire tardif.

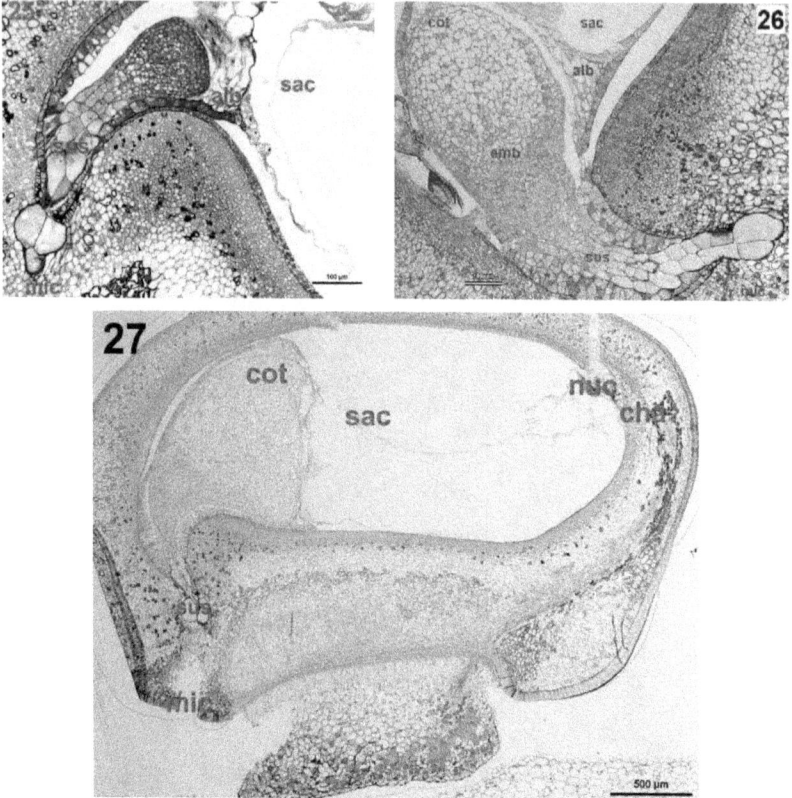

**Planche XI.** Coupes longitudinales médianes des ovules de *P. vulgaris* montrant des embryons du génotype NI637. **Photo 25:** À 6 JAP, l'embryon a atteint le stade cordiforme. **Photo 26**: Vers 8 JAP, il atteint le stade de développement cotylédonaire jeune. Les cellules de l'albumen (alb) deviennent moins abondantes dans le sac embryonnaire (sac). L'initiation des ébauches cotylédonaires (cot) a débuté. On voit mieux les cellules de transfert (*) de part et d'autre du suspenseur (sus), en contact avec l'endothélium (end). Le suspenseur est filiforme vers le micropyle (mic). **Photo 27:** L'embryon atteint le stade cotylédonaire à 10 JAP. L'albumen cellulaire a disparu pour la constitution des réserves de la future plantule. Les cotylédons occupent un grand espace dans le sac embryonnaire. Il ne reste que quelques cellules du nucelle (nuc) résorbé du côté chalazien (cha). Le suspenseur est plus petit que l'embryon proprement dit (Photos: P. Nguema).

La **Planche XII** présente les embryons du génotype X707 de *P. vulgaris* ayant atteint les stades de développement cordiforme puis cotylédonaire.

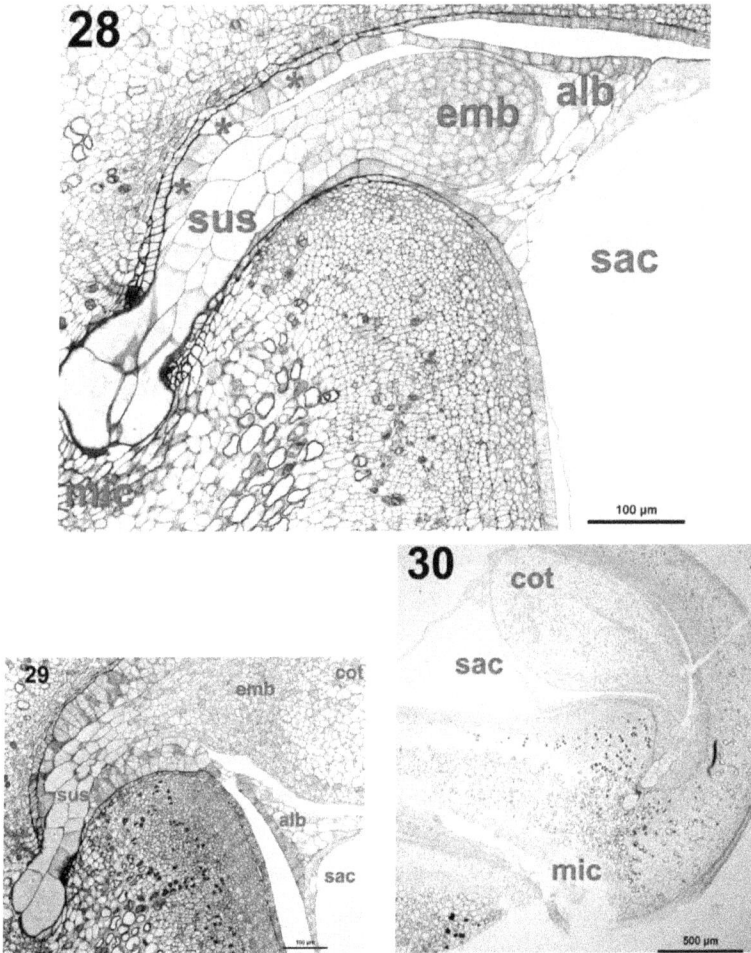

**Planche XII.** Coupes longitudinales médianes dans les ovules de *P. vulgaris* contenant des embryons du génotype X707. L'embryon atteint le stade cordiforme jeune vers 6 JAP **(Photo 28)**. Les cellules de l'albumen (alb) sont résorbées progressivement à l'intérieur du sac embryonnaire (sac). Les cellules de transfert (*) se répartissent de part et d'autre du suspenseur (sus), en contact avec l'endothélium (end). Du côté micropylaire (mic), elles longent le corps du suspenseur et sont également en contact avec l'embryon proprement dit (emb). Le suspenseur est filiforme et volumineux chez ce génotype. Les embryons âgés de 8 et 10 JAP ont respectivement atteint les stades cotylédonaires jeune **(Photo 29)** et tardif **(Photo 30)**. Les cotylédons (cot) envahissent la cavité du sac embryonnaire. Le suspenseur est de petite taille, comparé aux cotylédons. (Photos: P. Nguema).

Chez *P. vulgaris*, tout comme chez d'autres espèces végétales telles que *Daucus carota* L. (Lackie & Yeung, 1996), *Zea mays* L. (Bommert & Werr, 2001), *Arabidopsis thaliana* (Berger, 2003; Jürgens, 2003) et d'autres légumineuses comme *Phaseolus coccineus* (Shii *et al.*, 1982; Yeung *et al.*, 2001), *Cicer arietinum* (Suhasini *et al.*, 1997), *Acacia mangium* Willd (Sornsathapornkul & Owens, 1999) et *Caesalpinia echinata* Lam. (Teixeira *et al.*, 2004), juste après la double fécondation, la première division asymétrique du zygote s'opère suivant la polarité entre l'embryon proprement dit et la base qui évoluera en suspenseur. L'embryon atteint en moyenne le stade globulaire à 3 JAP (**Planche IX**). Le suspenseur est bien formé et se distingue de l'embryon proprement dit. La croissance de l'embryon est continue. La limite entre le sac embryonnaire et l'embryon proprement dit est faite d'une fine couche de cellules albuminées (**Planche X**). Les cellules de transfert constituées en assise, bordent l'embryon et sont en contact avec l'endothélium. Entre 3 et 6 JAP, la croissance du suspenseur est rapide. Celui-ci assure le lien physique entre le tissu ovulaire et l'embryon proprement dit. À 6 JAP, la forme effilée du suspenseur persiste chez le génotype NI637 et l'initiation cotylédonaire commence. Cela est caractérisé par une stabilisation du nombre de cellules du suspenseur et le début de la différenciation de la couche épidermique de l'embryon. Les cellules de transfert sont visibles entre l'embryon et la paroi interne de l'endothélium.

Dans les ovules de *P. vulgaris* comme chez ceux de *P. coccineus*, l'organisation de l'alimentation de l'embryon se met en place tôt, dès le stade globulaire. L'albumen nucléaire, en contact avec le proembryon et l'endothélium, se cloisonne. Des cellules de transfert sont visibles entre l'endothélium et l'albumen d'une part, puis entre l'embryon et le suspenseur, d'autre part (**Planche XII**). Sur les coupes sériées, les liens sont bien visibles aux stades les plus avancés.

Les suspenseurs des embryons de ces deux espèces évoluent lentement après le stade globulaire tardif. L'embryon s'approvisionne en nutriments, essentiellement *via* les contacts entre l'albumen cellulaire et le corps du suspenseur, et entre l'embryon proprement dit et l'albumen.

**2.3 Évolution des principaux paramètres des embryons et ovules autofécondés**

Les **Tableaux 13** à **18** donnent les valeurs moyennes des mesures des principales structures embryonnaires et ovulaires entre 3 et 14 jours après pollinisation (JAP) chez les génotypes de *P. coccineus* (NI16 et NI1108) et *P. vulgaris* (NI637 et X707).

**Tableau 13.** Évolution du nombre de cellules du suspenseur chez les génotypes de *P. coccineus* (NI16 et NI1108) et *P. vulgaris* (NI637 et X707), entre 3 et 14 JAP.

| Nombre de jours après pollinisation (JAP) | *P. coccineus* | | *P. vulgaris* | |
|:---:|:---:|:---:|:---:|:---:|
| | NI16 | NI1108 | NI637 | X707 |
| | Nombre de cellules du suspenseur | | | |
| 3 | $2 \pm 1^a$ | $4 \pm 1^{ab}$ | $5 \pm 1^b$ | $10 \pm 1^c$ |
| 4 | $4 \pm 1^a$ | $8 \pm 1^b$ | $12 \pm 1^c$ | $13 \pm 1^c$ |
| 5 | $15 \pm 2^a$ | $13 \pm 2^a$ | $16 \pm 2^a$ | $15 \pm 1^a$ |
| 6 | $26 \pm 3^c$ | $15 \pm 1^a$ | $22 \pm 1^b$ | $22 \pm 2^{bc}$ |
| 7 | $22 \pm 2^b$ | $15 \pm 2^a$ | $21 \pm 1^b$ | $35 \pm 6^c$ |
| 8 | $27 \pm 1^c$ | $15 \pm 1^a$ | $19 \pm 4^{ab}$ | $41 \pm 4^d$ |
| 9 | $34 \pm 4^c$ | $19 \pm 2^a$ | $23 \pm 2^{ab}$ | $31 \pm 2^c$ |
| 10 | $38 \pm 2^c$ | $23 \pm 1^a$ | $22 \pm 2^a$ | $33 \pm 2^b$ |
| 11 | $42 \pm 2^d$ | $22 \pm 2^a$ | $26 \pm 1^b$ | $34 \pm 2^c$ |
| 12 | $60 \pm 10^c$ | $26 \pm 2^a$ | $25 \pm 3^a$ | $29 \pm 4^{ab}$ |
| 13 | $74 \pm 6^c$ | $25 \pm 2^{ab}$ | $21 \pm 2^a$ | $27 \pm 2^b$ |
| 14 | $52 \pm 5^c$ | $25 \pm 1^b$ | $25 \pm 1^b$ | $21 \pm 1^a$ |

Effectif : n = 15 ; $\bar{x} \pm \sigma$ : Moyenne ± écart-type.
Les valeurs affectées d'une même lettre en exposant sur la même ligne ne sont pas significativement différentes au seuil de 5%, pour un nombre de JAP donné, entre génotypes.

**Tableau 14.** Évolution de la longueur du suspenseur chez les génotypes de *P. coccineus* (NI16 et NI1108) et *P. vulgaris* (NI637 et X707), entre 3 et 14 JAP.

| Nombre de jours après pollinisation (JAP) | *P. coccineus* | | *P. vulgaris* | |
|:---:|:---:|:---:|:---:|:---:|
| | NI16 | NI1108 | NI637 | X707 |
| | Longueur du suspenseur (µm) | | | |
| 3 | $21 \pm 2^a$ | $62 \pm 3^b$ | $106 \pm 8^d$ | $78 \pm 10^c$ |
| 4 | $31 \pm 1^a$ | $72 \pm 2^b$ | $225 \pm 9^c$ | $210 \pm 17^c$ |
| 5 | $163 \pm 9^b$ | $142 \pm 4^a$ | $239 \pm 24^c$ | $241 \pm 21^c$ |
| 6 | $316 \pm 46^{bc}$ | $237 \pm 7^a$ | $463 \pm 42^c$ | $388 \pm 9^c$ |
| 7 | $485 \pm 18^c$ | $243 \pm 8^a$ | $383 \pm 33^b$ | $494 \pm 39^c$ |
| 8 | $401 \pm 22^b$ | $270 \pm 18^a$ | $395 \pm 21^b$ | $614 \pm 21^c$ |
| 9 | $783 \pm 35^c$ | $362 \pm 8^a$ | $481 \pm 33^b$ | $452 \pm 52^b$ |
| 10 | $607 \pm 23^b$ | $505 \pm 13^a$ | $562 \pm 49^{ab}$ | $852 \pm 66^c$ |
| 11 | $1057 \pm 82^c$ | $514 \pm 15^a$ | $603 \pm 39^b$ | $610 \pm 40^b$ |
| 12 | $979 \pm 74^d$ | $703 \pm 30^c$ | $525 \pm 46^a$ | $604 \pm 39^{ab}$ |
| 13 | $898 \pm 41^c$ | $696 \pm 62^b$ | $499 \pm 87^a$ | $554 \pm 61^a$ |
| 14 | $1139 \pm 93^c$ | $821 \pm 37^b$ | $616 \pm 30^a$ | $622 \pm 57^a$ |

Effectif : n = 15 ; $\bar{x} \pm \sigma$ : Moyenne ± écart-type.
Les valeurs affectées d'une même lettre en exposant sur la même ligne ne sont pas significativement différentes au seuil de 5%, pour un nombre de JAP donné, entre génotypes.

**Tableau 15.** Évolution de la surface du suspenseur chez les génotypes de *P. coccineus* (NI16 et NI1108) et *P. vulgaris* (NI637 et X707), entre 3 et 14 JAP.

| Nombre de jours après pollinisation (JAP) | *P. coccineus* | | *P. vulgaris* | |
|---|---|---|---|---|
| | NI16 | NI1108 | NI637 | X707 |
| | Surface du suspenseur ($\mu m^2$) | | | |
| 3 | $445 \pm 42^a$ | $2317 \pm 160^{bc}$ | $3891 \pm 186^d$ | $2668 \pm 339^c$ |
| 4 | $792 \pm 24^a$ | $2771 \pm 85^b$ | $10490 \pm 784^c$ | $11258 \pm 1017^c$ |
| 5 | $10173 \pm 1354^b$ | $7178 \pm 340^a$ | $12630 \pm 1908^{bc}$ | $15252 \pm 1863^c$ |
| 6 | $31851 \pm 7769^b$ | $14464 \pm 697^a$ | $31657 \pm 3095^b$ | $30889 \pm 2540^b$ |
| 7 | $46182 \pm 2407^d$ | $15929 \pm 888^a$ | $28668 \pm 1869^b$ | $41489 \pm 2427^{cd}$ |
| 8 | $41943 \pm 2033^c$ | $17287 \pm 881^a$ | $32573 \pm 1058^b$ | $61053 \pm 3574^d$ |
| 9 | $126446 \pm 9194^d$ | $34337 \pm 1466^a$ | $36495 \pm 1637^{ab}$ | $41222 \pm 2279^{bc}$ |
| 10 | $80266 \pm 2790^d$ | $58989 \pm 1191^c$ | $46424 \pm 1550^a$ | $49408 \pm 1613^{ab}$ |
| 11 | $211891 \pm 19224^b$ | $59586 \pm 2366^a$ | $58913 \pm 3036^a$ | $57949 \pm 2611^a$ |
| 12 | $201716 \pm 17054^d$ | $87958 \pm 6663^c$ | $60872 \pm 1908^a$ | $71244 \pm 5666^b$ |
| 13 | $133997 \pm 10139^d$ | $117097 \pm 5165^c$ | $52163 \pm 5557^{ab}$ | $48283 \pm 2353^a$ |
| 14 | $411387 \pm 23383^d$ | $118212 \pm 7154^c$ | $63484 \pm 10133^b$ | $51526 \pm 2734^a$ |

Effectif : n = 15 ; $\bar{x} \pm \sigma$ : Moyenne ± écart-type.
Les valeurs affectées d'une même lettre en exposant sur la même ligne ne sont pas significativement différentes au seuil de 5%, pour un nombre de JAP donné, entre génotypes.

**Tableau 16.** Évolution de la longueur de l'embryon chez les génotypes de *P. coccineus* (NI16 et NI1108) et *P. vulgaris* (NI637 et X707), entre 3 et 14 JAP.

| Nombre de jours après pollinisation (JAP) | *P. coccineus* | | *P. vulgaris* | |
|---|---|---|---|---|
| | NI16 | NI1108 | NI637 | X707 |
| | Longueur de l'embryon ($\mu m$) | | | |
| 3 | $72 \pm 3^a$ | $105 \pm 7^b$ | $226 \pm 10^d$ | $175 \pm 13^c$ |
| 4 | $99 \pm 1^a$ | $128 \pm 6^b$ | $379 \pm 8^c$ | $350 \pm 11^c$ |
| 5 | $257 \pm 10^a$ | $267 \pm 18^a$ | $363 \pm 32^b$ | $417 \pm 41^{bc}$ |
| 6 | $599 \pm 79^b$ | $399 \pm 21^a$ | $1013 \pm 60^c$ | $684 \pm 18^b$ |
| 7 | $747 \pm 50^b$ | $414 \pm 23^a$ | $743 \pm 81^b$ | $773 \pm 136^b$ |
| 8 | $716 \pm 35^b$ | $444 \pm 18^a$ | $941 \pm 79^c$ | $1203 \pm 164^d$ |
| 9 | $1128 \pm 118^c$ | $639 \pm 13^a$ | $977 \pm 144^{bc}$ | $1103 \pm 187^c$ |
| 10 | $896 \pm 72^a$ | $843 \pm 40^a$ | $1389 \pm 153^b$ | $2015 \pm 216^c$ |
| 11 | $1980 \pm 147^b$ | $911 \pm 36^a$ | $2867 \pm 146^c$ | $1839 \pm 147^b$ |
| 12 | $1999 \pm 119^c$ | $1663 \pm 46^b$ | $4523 \pm 194^d$ | $1379 \pm 142^a$ |
| 13 | $1729 \pm 80^a$ | $2025 \pm 99^b$ | $5041 \pm 249^c$ | $1700 \pm 160^a$ |
| 14 | $3242 \pm 88^c$ | $2700 \pm 252^b$ | $5205 \pm 395^d$ | $1590 \pm 144^a$ |

Effectif : n = 15 ; $\bar{x} \pm \sigma$ : Moyenne ± écart-type.
Les valeurs affectées d'une même lettre en exposant sur la même ligne ne sont pas significativement différentes au seuil de 5%, pour un nombre de JAP donné, entre génotypes.

**Tableau 17.** Évolution de la largeur de l'embryon chez les génotypes de *P. coccineus* (NI16 et NI1108) et *P. vulgaris* (NI637 et X707), entre 3 et 14 JAP.

| Nombre de jours après pollinisation (JAP) | *P. coccineus* | | *P. vulgaris* | |
|---|---|---|---|---|
| | NI16 | NI1108 | NI637 | X707 |
| | Largeur de l'embryon (µm) | | | |
| 3 | $69 \pm 3^d$ | $26 \pm 1^a$ | $53 \pm 6^c$ | $37 \pm 4^b$ |
| 4 | $33 \pm 3^a$ | $47 \pm 2^b$ | $81 \pm 4^d$ | $68 \pm 2^c$ |
| 5 | $61 \pm 4^a$ | $59 \pm 4^a$ | $82 \pm 7^b$ | $100 \pm 4^c$ |
| 6 | $74 \pm 10^a$ | $80 \pm 6^a$ | $238 \pm 23^c$ | $145 \pm 17^b$ |
| 7 | $168 \pm 7^b$ | $93 \pm 1^a$ | $232 \pm 17^c$ | $175 \pm 14^b$ |
| 8 | $108 \pm 10^b$ | $84 \pm 6^a$ | $334 \pm 44^c$ | $402 \pm 26^d$ |
| 9 | $249 \pm 10^{bc}$ | $201 \pm 11^a$ | $400 \pm 90^d$ | $271 \pm 15^c$ |
| 10 | $108 \pm 9^a$ | $244 \pm 17^b$ | $957 \pm 90^c$ | $804 \pm 123^c$ |
| 11 | $522 \pm 43^b$ | $276 \pm 9^a$ | $1533 \pm 122^c$ | $507 \pm 45^b$ |
| 12 | $578 \pm 39^b$ | $598 \pm 17^b$ | $2475 \pm 153^c$ | $407 \pm 33^a$ |
| 13 | $900 \pm 33^b$ | $1168 \pm 109^{bc}$ | $2999 \pm 252^d$ | $569 \pm 54^a$ |
| 14 | $1326 \pm 111^b$ | $1256 \pm 151^b$ | $2781 \pm 204^c$ | $613 \pm 78^a$ |

Effectif : n = 15 ; $\bar{x} \pm \sigma$ : Moyenne ± écart-type.
Les valeurs affectées d'une même lettre en exposant sur la même ligne ne sont pas significativement différentes au seuil de 5%, pour un nombre de JAP donné, entre génotypes.

**Tableau 18.** Évolution de l'épaisseur de l'endothélium chez les génotypes de *P. coccineus* (NI16 et NI1108) et *P. vulgaris* (NI637 et X707), entre 3 et 14 JAP.

| Nombre de jours après pollinisation (JAP) | *P. coccineus* | | *P. vulgaris* | |
|---|---|---|---|---|
| | NI16 | NI1108 | NI637 | X707 |
| | Épaisseur de l'endothélium (µm) | | | |
| 3 | $33 \pm 4^c$ | $21 \pm 2^a$ | $26 \pm 1^b$ | $27 \pm 2^b$ |
| 4 | $32 \pm 1^c$ | $27 \pm 2^b$ | $23 \pm 1^a$ | $21 \pm 1^a$ |
| 5 | $20 \pm 1^a$ | $19 \pm 1^a$ | $24 \pm 1^b$ | $19 \pm 2^a$ |
| 6 | $22 \pm 2^a$ | $22 \pm 1^a$ | $21 \pm 2^a$ | $23 \pm 1^a$ |
| 7 | $29 \pm 3^b$ | $28 \pm 2^b$ | $29 \pm 3^b$ | $20 \pm 1^a$ |
| 8 | $25 \pm 3^b$ | $27 \pm 2^c$ | $25 \pm 2^b$ | $19 \pm 3^a$ |
| 9 | $23 \pm 2^a$ | $23 \pm 3^a$ | $22 \pm 2^a$ | $21 \pm 1^a$ |
| 10 | $27 \pm 1^c$ | $27 \pm 2^c$ | $19 \pm 1^a$ | $24 \pm 3^{bc}$ |
| 11 | $21 \pm 2^b$ | $27 \pm 2^c$ | $23 \pm 2^{bc}$ | $15 \pm 2^a$ |
| 12 | $23 \pm 2^a$ | $33 \pm 3^b$ | $24 \pm 3^a$ | $25 \pm 3^a$ |
| 13 | $21 \pm 1^{ab}$ | $32 \pm 2^c$ | $19 \pm 1^a$ | $17 \pm 1^a$ |
| 14 | $17 \pm 2^a$ | $43 \pm 5^c$ | $24 \pm 3^b$ | $22 \pm 3^b$ |

Effectif : n = 15 ; $\bar{x} \pm \sigma$ : Moyenne ± écart-type.
Les valeurs affectées d'une même lettre en exposant sur la même ligne ne sont pas significativement différentes au seuil de 5%, pour un nombre de JAP donné, entre génotypes.

Des différences statistiques significatives (niveau de signification = 95%) existent entre les génotypes de *P. coccineus* (NI16 et NI1108) pour tous les paramètres relatifs au suspenseur (**Tableau 13 à 15**) et à l'épaisseur de l'endothélium (**Tableau 18**). Chez ces deux génotypes, le nombre de cellules qui composent le suspenseur est supérieur à 10 à partir de 5 JAP et la surface du suspenseur évolue aussi considérablement à partir de ce délai. Cet âge correspond également au moment où la longueur de l'embryon passe du simple au double (**Tableau 16**). Avant 6 JAP, la largeur de l'embryon n'est pas statistiquement différente entre les génotypes NI16 et NI1108.

Pour les génotypes de *P. vulgaris*, des différences statistiques significatives (Test de Tukey, $p<0,05$) concernent: le nombre de cellules du suspenseur, la longueur de l'embryon, la largeur de l'embryon et l'épaisseur de l'endothélium. La croissance en longueur de l'embryon est régulière mais rapide par rapport aux génotypes de *P. coccineus*. L'épaisseur de l'endothélium reste homogène tout au long des observations.

Les moyennes obtenues pour les paramètres mesurés révèlent des différences statistiques significatives (niveau de signification égal à 95%) entre les génotypes des deux espèces (*P. coccineus* et *P. vulgaris*), pour les caractères et couples de génotypes suivants:

- nombre de cellules du suspenseur: NI1108 et X707, NI16 et NI637, NI16 et X707;
- surface du suspenseur: NI16 et NI637, NI16 et X707;
- longueur du suspenseur: NI1108 et X707, NI16 et NI637, NI16 et X707;
- longueur de l'embryon: NI1108 et NI637, NI1108 et X707, NI16 et NI637;
- largeur de l'embryon: NI16 et NI637;
- épaisseur de l'endothélium: NI1108 et NI637, NI1108 et X707, NI16 et X707.

## 2.4 Discussion

L'embryogenèse est un stade critique de la vie des angiospermes (Harada, 1999). Elle détermine l'organisation générale de la plante suivant deux plans simultanés (plan apico-basal et plan radial).

Chez *Phaseolus*, le zygote subit d'abord une division asymétrique et transversale donnant une cellule apicale qui évoluera en embryon proprement dit et une autre cellule fondamentale qui produira l'hypophyse et le suspenseur, qui est un organe de transit impliqué dans le développement de l'embryon comme l'ont aussi remarqué Yeung & Meinke (1993). Son rôle essentiel s'arrête assez tôt lors de l'embryogenèse. Sa taille et sa forme diffèrent entre espèces et d'un génotype à un autre. Il est évident que son développement précède la différenciation de l'embryon proprement dit.

Le développement des embryons de l'espèce *P. coccineus* est conforme à la description de Yeung & Clutter (1978). La formation des invaginations à la base du suspenseur commence dès le stade globulaire. Le futur embryon globulaire résulte des divisions des cellules centrales du proembryon, puis de la formation du procambium et du méristème de base. Vers

5 JAP, l'embryon passe du stade globulaire au stade cordiforme et l'activité mitotique augmente, favorisant l'initiation des cotylédons chez *P. vulgaris*. Le suspenseur évolue fortement jusqu'au stade cordiforme. L'activité métabolique à la base du suspenseur est traduite par la présence de grandes cellules nucléées et intensément colorées. Cela concorde avec les conclusions antérieures de Walbot *et al.* (1972), Sussex *et al.* (1973), Yeung & Clutter (1978), Yeung *et al.* (1996) et Budimir (2003/4). C'est au stade cordiforme que le suspenseur atteint sa taille maximale. Au-delà de ce stade, il régresse progressivement. Il semble avoir ainsi achevé son rôle fondamental. L'arrêt de croissance en longueur du suspenseur est observé à 8 JAP pour X707, 12 JAP pour NI1108 et 11 JAP pour NI16 et NI637 (**Tableau 14**). La similitude dans la vitesse de croissance entre NI1108 et NI637 suggère en partie que les exigences nutritives sont semblables au cours du temps pour ces génotypes. Cela suggère que le succès de l'hybridation serait plus aisé entre eux.

Avant le stade cotylédonaire, la proximité entre le corps du suspenseur, les cellules de transfert et celles de l'albumen est favorable à l'alimentation de l'embryon. Cette phase se situe entre 5 et 6 jours après la pollinisation. Ce délai se rapproche des observations de Yeung & Clutter (1978) et Geerts (2001). En général, le suspenseur de *P. coccineus* est plus volumineux que celui de *P. vulgaris* (**Tableau 15**), conformément aux travaux de Yeung & Meinke (1993). Une colonne de cellules de tailles différentes et rangées en deux assises constitue le corps du suspenseur.

En comparant les embryons globulaires des deux espèces *P. coccineus* et *P. vulgaris*, on observe que les cellules basales du suspenseur des embryons de *P. coccineus* sont nettement plus imposantes que celles du suspenseur des embryons de *P. vulgaris*. Elles présentent un aspect enflé, turgescent et possèdent de grandes vacuoles.

L'embryon cotylédonaire jeune de *P. vulgaris* présente un suspenseur qui semble ne plus avoir évolué après le stade globulaire tardif. Cela concorde avec les observations de Maheshwari (1950) rapportant que les divisions du suspenseur chez *P. vulgaris* s'estompent à la fin du stade globulaire.

Les cellules de base du suspenseur, fortement nucléées, s'incrustent dans la paroi du tégument interne. Ce fait traduit l'activité intense du suspenseur, jusqu'au stade cordiforme de développement de l'embryon. Il est probable que, chez *Phaseolus*, le suspenseur soit plus actif que l'embryon proprement dit pour la synthèse de l'acide ribonucléique et des protéines durant l'embryogenèse précoce (Walbot *et al.*, 1972 ; Sussex *et al.*, 1973 ; Yeung *et al.*, 1996).

Au stade cotylédonaire, d'autres phénomènes spécifiques interviennent pour la maturation et la déshydratation de la graine (Yeung & Clutter, 1979 ; Harada, 1999 ; Devic & Guilleminot, 2001). Les nutriments sont essentiellement alloués à ces fins plutôt qu'à la croissance des tissus embryonnaires.

Les étapes de développement embryonnaire sont similaires chez les génotypes des espèces *P. vulgaris* et *P. coccineus*. La différence se situe essentiellement au niveau du délai auquel l'un ou l'autre embryon atteint un stade de développement précis. Ce décalage dépend des génotypes observés et des paramètres climatiques, notamment de la température et de l'humidité relative. Car, l'influence des fortes températures et des basses humidités relatives freine le succès des autopollinisations et hybridations, comme l'ont observé d'autres auteurs (Maestro & Alvarez, 1988; Kranz & Lorz, 1993; Aronne, 1999. Hedhly *et al.*, 2004).

Les observations faites *in vivo* ou lors de la culture *in vitro* d'embryons (Yeung & Sussex, 1979) concordent sur l'important rôle joué par le suspenseur au cours de l'embryogenèse précoce chez *Phaseolus*.

Dans l'ensemble, le développement des embryons de *P. coccineus* est lent par rapport aux embryons de *P. vulgaris* (**Planches V, VIII à XII, Tableau 16**). Cette différence est observée dès 4 jours après la pollinisation. Nous avons constaté comme Tuyl *et al.* (1991), Zenkteler (1991) et Geerts (2001) que les divisions de l'albumen se réduisent après 6 JAP.

Le nombre de cellules du suspenseur est supérieur ou égal à 10 au-delà de 4 JAP, chez les embryons de *P. coccineus* et de *P. vulgaris* (**Tableau 13**). Ce nombre ne traduit pas nécessairement le stade de développement de l'embryon ni l'importance de la taille du suspenseur. Cependant le volume du suspenseur en dépend. Le suspenseur de NI16 est bien plus grand que celui des autres génotypes observés. Durant les premières étapes du développement embryonnaire, le suspenseur est fort sollicité. En effet, il joue un rôle actif, à la suite des premières divisions du zygote au regard de l'aspect pris par ses cellules basales. L'épaississement et les invaginations observés à la base du suspenseur de NI16 et NI1108 traduisent des besoins élevés pour l'alimentation de l'embryon chez *P. coccineus*. Cette région du suspenseur participe fortement aux échanges et au transit des nutriments entre l'embryon et le tissu ovulaire (Lecomte, 1997).

La position médiane du suspenseur, entre la base micropylaire et l'embryon proprement dit, présume une synthèse et sécrétion de substances nutritives destinées à l'alimentation du jeune embryon. Lorsque l'embryon atteint le stade cordiforme, la croissance du nombre de cellules du suspenseur s'arrête.

L'albumen cellulaire qui enveloppe l'embryon globulaire est comparativement plus important chez *P. coccineus* que chez *P. vulgaris*. À l'interface embryon-albumen, une zone plus densément colorée chez *P. coccineus* est visible, laissant supposer que les transferts s'y effectuent de façon importante. En général, un transfert nutritif entre l'albumen et les cotylédons est possible grâce aux zones de contact des cotylédons (**Planche VIII, Photo 20, Planche XI, Photo 27 & Planche XII, Photo 30**) au stade cotylédonaire.

Les interactions existantes entre l'embryon et l'albumen au cours de l'embryogenèse au sein du genre *Phaseolus* doivent faire l'objet de recherches approfondies, car le développement normal de l'albumen est un facteur important du déroulement des phénomènes post-zygotiques.

**Chapitre 3.** DEVELOPPEMENT DES EMBRYONS HYBRIDES *P. COCCINEUS* X *P. VULGARIS*

Des coupes histologiques fines réalisées sur des embryons hybrides ont permis de comprendre le développement des embryons hybrides en comparaison avec les embryons parentaux.

**3.1 Hybridations réciproques NI16 (*P. coccineus*) x NI637 (*P. vulgaris*)**

Les **Figures 28** & **29** présentent des coupes histologiques montrant des embryons âgés de 3 JAP, provenant des croisements réciproques entre les génotypes NI16 de *P. coccineus* et NI637 de *P. vulgaris*.

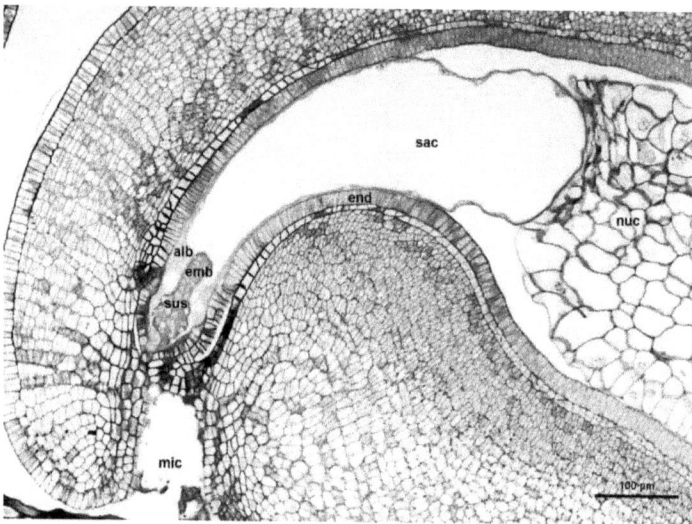

**Figure 28.** Coupe longitudinale axiale dans un ovule montrant un embryon *P. coccineus* x *P. vulgaris* (NI16 (♀) x NI637) âgé de 3 JAP. Les premières divisions sont initiées selon l'axe de polarité apex-base. L'embryon est pré-globulaire. L'albumen (alb) liquide s'organise autour du proembryon. Il se cellularise le long de la paroi endothéliale (end) dans le sac embryonnaire (sac). Le suspenseur (sus) s'est différencié de l'embryon proprement dit (emb) du côté micropylaire (mic). Les cellules nucellaires (nuc) se résorbent (Photo: P. Nguema).

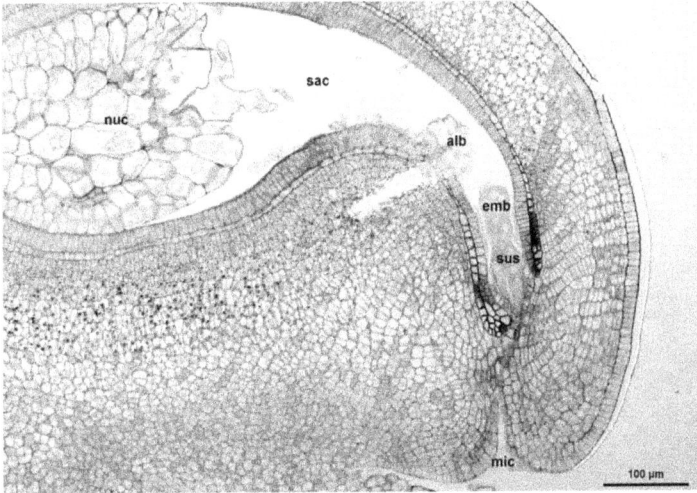

**Figure 29.** Coupe longitudinale axiale dans un ovule montrant un embryon *P. vulgaris* x *P. coccineus* (NI637 (♀) x NI16), âgé de 3 JAP. L'embryon est globulaire. L'albumen coenocytique (alb) se forme à partir des divisions du noyau de l'albumen primaire dans le sac embryonnaire (sac). L'albumen n'est pas abondant autour de l'embryon. Aucun contact n'existe entre l'embryon proprement dit (emb) et l'endothélium (end). Le suspenseur (sus) est visible du côté micropylaire (mic). Les cellules nucellaires (nuc) ne sont pas résorbées. (Photo: P. Nguema).

Les **Planches XIII** à **XVII** décrivent les différentes étapes du développement des embryons provenant des croisements réciproques entre les cultivars NI16 de *P. coccineus* et NI637 de *P. vulgaris*.

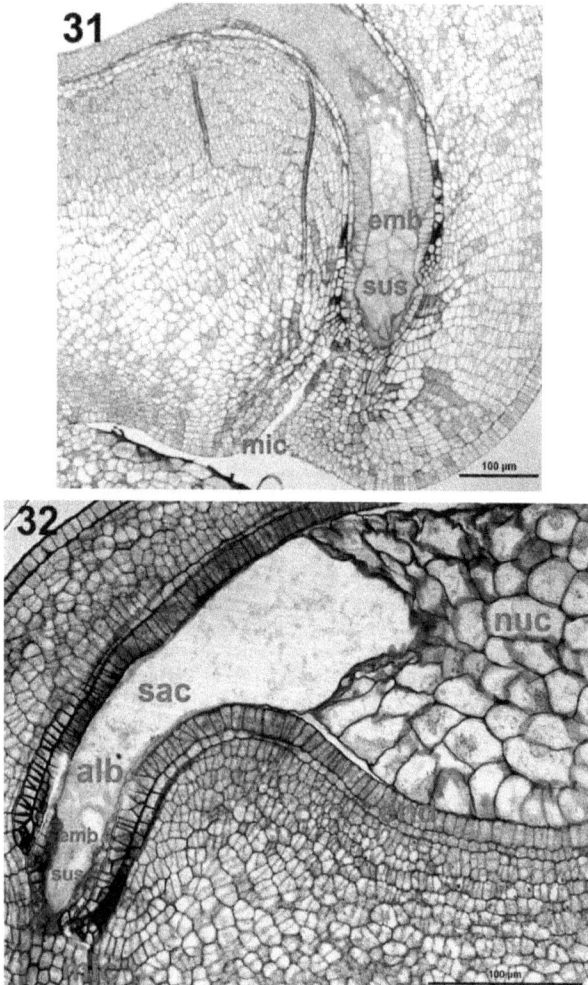

**Planche XIII.** Coupes longitudinales axiales dans des ovules montrant des embryons *P. coccineus* (NI16) x *P. vulgaris* (NI637), âgés de 4 JAP. Le côté micropylaire (mic) se trouve au bas de chaque image. Les embryons ont atteint le stade globulaire jeune. L'endothélium (end) est épais et le sac embryonnaire (sac) paraît énorme. L'albumen (alb) est encore coenocytique. L'embryon (emb) est au contact de l'endothélium. Le suspenseur (sus), dans le croisement NI16 (♀) x NI637 (**Photo 31**), présente des cellules plus imposantes que dans le croisement réciproque (**Photo 32**). Dans cette dernière combinaison, la résorption du nucelle (nuc) est retardée. Celui-ci dispose encore de cellules bien développées au contact du sac embryonnaire (Photos: P. Nguema).

95

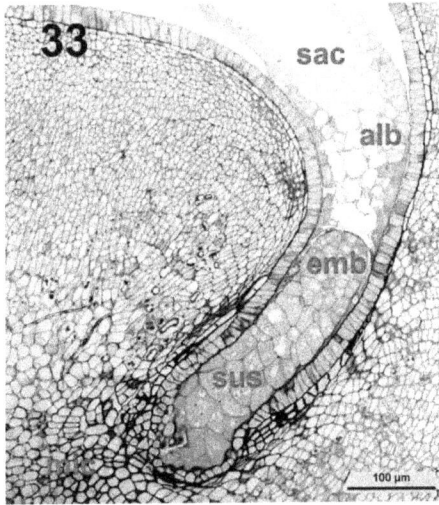

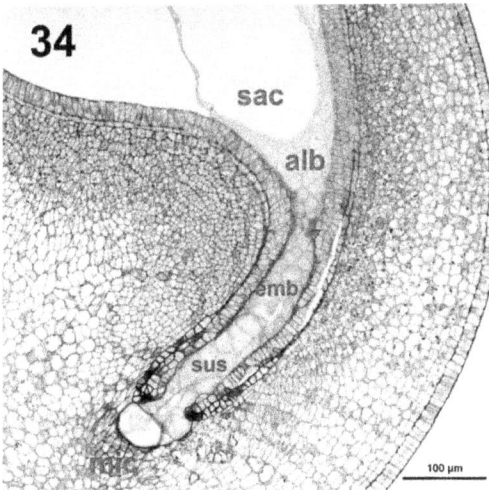

**Planche XIV.** Coupes longitudinales axiales dans des ovules montrant des embryons *P. coccineus* (NI16) x *P. vulgaris* (NI637), âgés de 5 JAP. Les embryons ont grossi. Du côté micropylaire (mic), le suspenseur (sus) est énorme dans le croisement NI16 (♀) x NI637 (**Photo 33**). La croissance de l'albumen (alb) est matérialisée par la présence de cellules ayant de grandes vacuoles à l'intérieur de la cavité du sac embryonnaire (sac). L'embryon a atteint le stade globulaire âgé dans le croisement NI16 (♀) x NI637, tandis qu'il atteint le stade cordiforme jeune dans la combinaison NI637 (♀) x NI16 (**Photo 34**). Dans tous les cas, une mince couche de cellules albuminées sépare l'embryon proprement dit (emb) et le sac embryonnaire. La couche de cellules de transfert (*) est aplatie entre l'embryon et l'endothélium (Photos: P. Nguema).

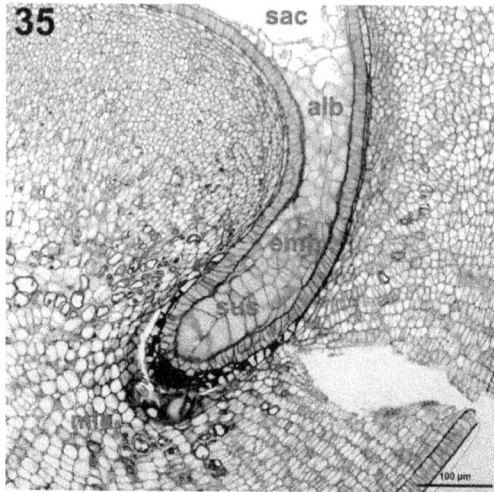

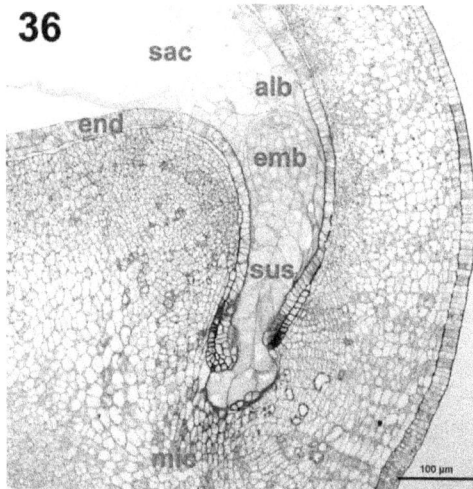

**Planche XV.** Coupes longitudinales axiales dans des ovules montrant des embryons *P. coccineus* (NI16) x *P. vulgaris* (NI637), âgés de 6 JAP. Vers le micropyle (mic), le suspenseur (sus) a évolué dans chaque combinaison génotypique. L'organisation des cellules de transfert (*) entre l'embryon et l'endothélium (end) se met difficilement en place. **Photo 35:** L'embryon de la combinaison NI16 (♀) x NI637 est toujours globulaire. L'albumen (alb) se cellularise de façon anarchique. Une couche lâche de cellules albuminées sépare l'embryon proprement dit (emb) et le sac embryonnaire (sac). **Photo 36:** Dans le croisement réciproque NI637 (♀) x NI16, l'embryon a atteint le stade cordiforme jeune (Photos: P. Nguema).

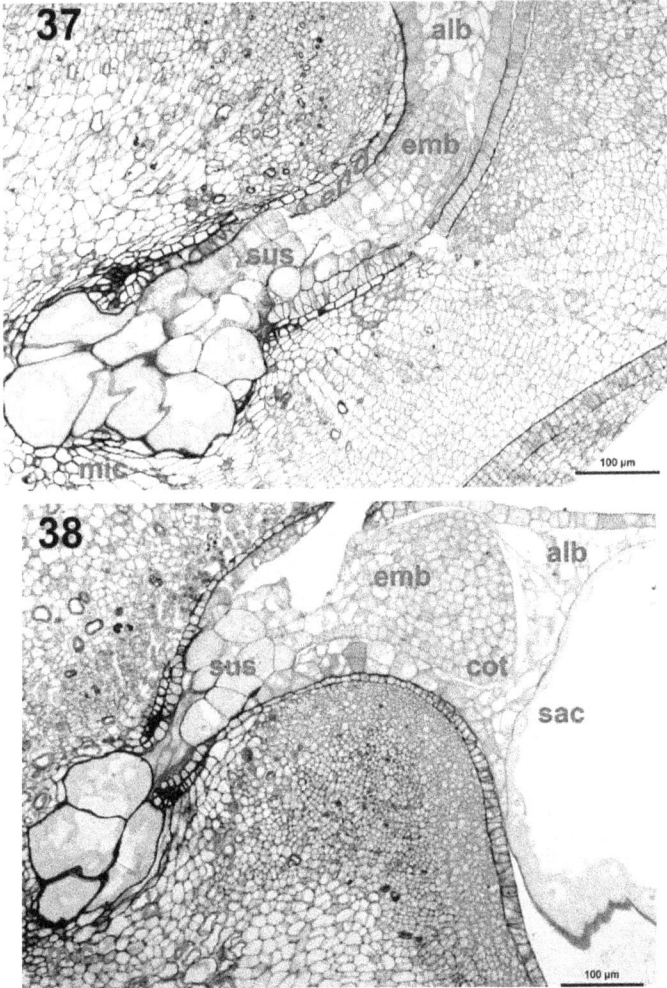

**Planche XVI.** Coupes longitudinales axiales dans des ovules montrant des embryons *P. coccineus* x *P. vulgaris*, âgés de 8 JAP. Le suspenseur (sus) s'est développé étrangement du côté micropylaire (mic) chez les deux types d'embryons. Dans le croisement NI16 (♀) x NI637 (**Photo 37**), le suspenseur s'est hypertrophié au détriment de l'embryon proprement dit (emb). Le corps du suspenseur est désorganisé. L'embryon n'a pas beaucoup changé. Il est toujours au stade globulaire. L'albumen (alb) n'a pas évolué. Il est abondant dans le sac embryonnaire (sac). Dans le croisement réciproque NI637 (♀) x NI16 (**Photo 38**), l'embryon a évolué. L'initiation des cotylédons (cot) a commencé et l'albumen est digéré progressivement. L'endothélium (end) est mince au voisinage de l'embryon (Photos: P. Nguema).

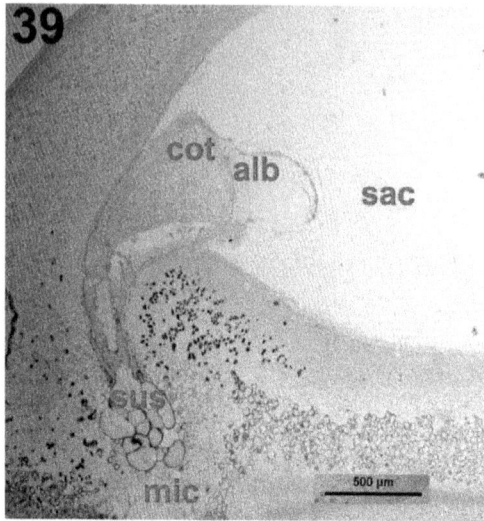

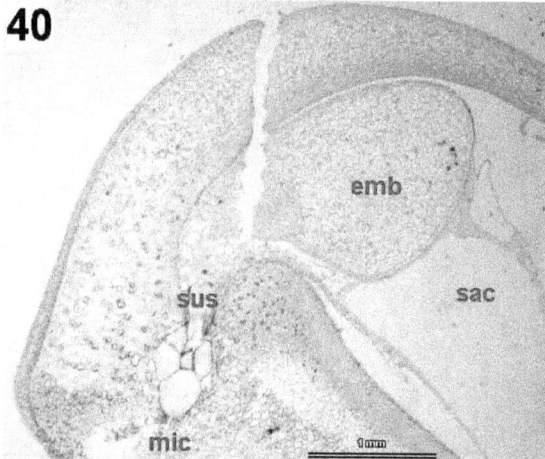

**Planche XVII.** Coupes longitudinales dans des ovules montrant des embryons *P. coccineus* (NI16) x *P. vulgaris* (NI637), âgés de 10 JAP. L'embryon issu de la combinaison NI16 (♀) x NI637 a atteint le stade cotylédonaire (**Photo 39**). La désorganisation du corps du suspenseur (sus) s'accentue vers le micropyle (mic). L'albumen (alb) autour de la partie apicale de l'embryon proprement dit (emb) n'est plus constitué que d'une fine couche. L'embryon hybride NI637 (♀) x NI16 a atteint le stade cotylédonaire tardif (**Photo 40**). Les cotylédons (cot) occupent une grande place dans le sac embryonnaire (sac) (Photos: P. Nguema).

Lors des croisements réciproques entre NI16 et NI637, le nombre de cellules du suspenseur est faible à 3 JAP quel que soit le sens du croisement. Jusqu'à 4 JAP, les embryons baignent dans de l'albumen liquide (**Figures 28 & 29; Planche XIII**). Parfois, on remarque que l'albumen nucléaire n'est en contact ni avec l'embryon proprement dit, ni avec l'endothélium. Ceci suppose une difficulté de transfert de nutriments vers l'embryon. La cellularisation de l'albumen se fait progressivement à partir du stade globulaire tardif et un filet de cellules albuminées se dépose le long de la paroi endothéliale, vers la chalaze. L'observation des coupes sériées d'embryons hybrides NI16 x NI637 révèle qu'en dépit de l'initiation des divisions cellulaires à la suite de la fécondation, le développement de l'embryon est ralenti lorsque NI16 est le parent maternel. L'embryon est toujours sphérique, son suspenseur de petite taille ne comporte que très peu de cellules. À 5 JAP, l'embryon s'est développé latéralement (**Planche XIII**), sans atteindre le stade de développement suivant. À 6 JAP, les embryons sont toujours globulaires (**Planche XVI**) contrairement aux hybrides réciproques NI637 (♀) x NI16. L'embryon est séparé du sac embryonnaire par une couche épaisse de cellules d'albumen fortement nucléées. La croissance de l'embryon est lente mais axiale et radiale à la fois. Cependant, les embryons provenant des croisements réciproques entre ces deux génotypes atteignent en moyenne le stade cotylédonaire à 10 JAP.

**3.2 Combinaisons génotypiques NI16 (*P. coccineus*) x X707 (*P. vulgaris*)**

Les **Planches XVIII** à **XXIII** illustrent le développement des embryons hybrides issus des croisements réciproques entre les cultivars de *P. coccineus* (NI16) et de *P. vulgaris* (X707).

100

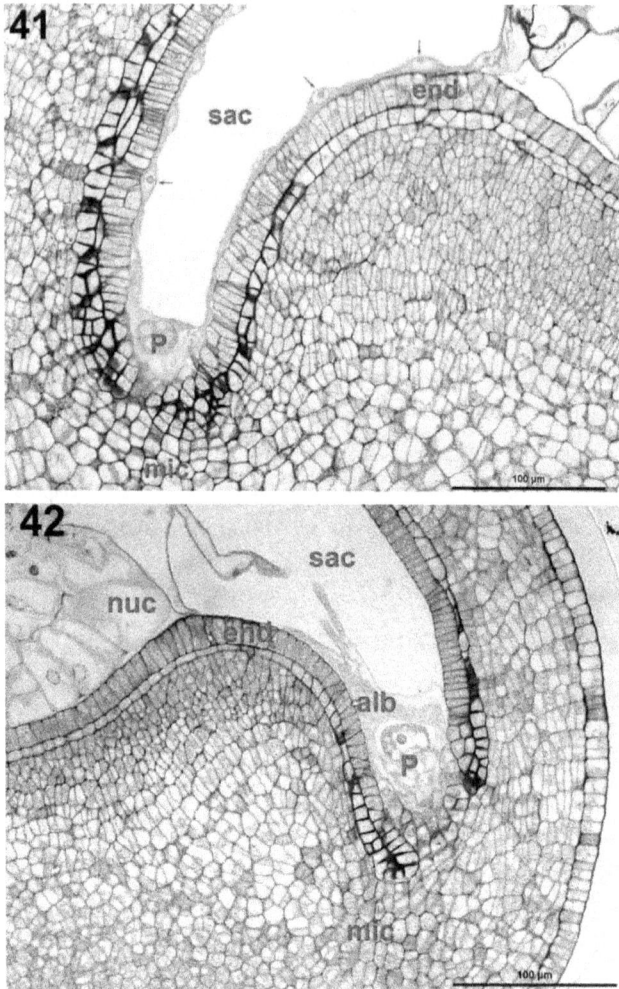

**Planche XVIII.** Coupes longitudinales axiales dans des ovules contenant des embryons *P. coccineus* (NI16) x *P. vulgaris* (X707). À 3 JAP, on observe l'initiation du proembyon (P) vers le micropyle (mic). **Photo 41:** NI16 (♀) x X707. L'albumen nucléaire (↓) borde la paroi endothéliale, de part et d'autre du sac embryonnaire (sac). Il s'étire jusqu'au nucelle (nuc). **Photo 42:** X707 (♀) x NI16. Autour de l'embryon pré-globulaire, l'albumen (alb) coenocytique se forme à partir des divisions du noyau de l'albumen primaire. Les embryons n'ont aucun contact avec l'endothélium (end) (Photos: P. Nguema).

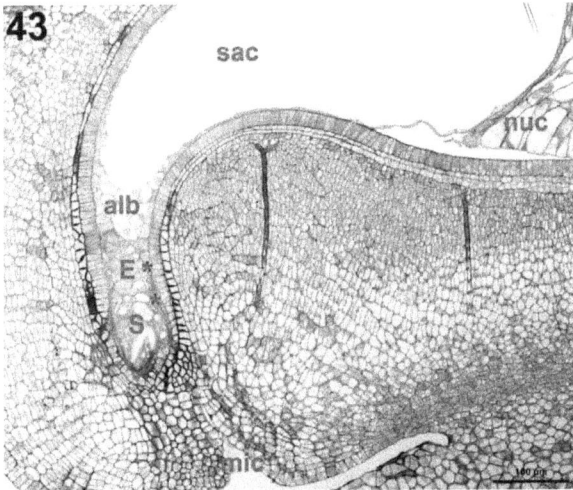

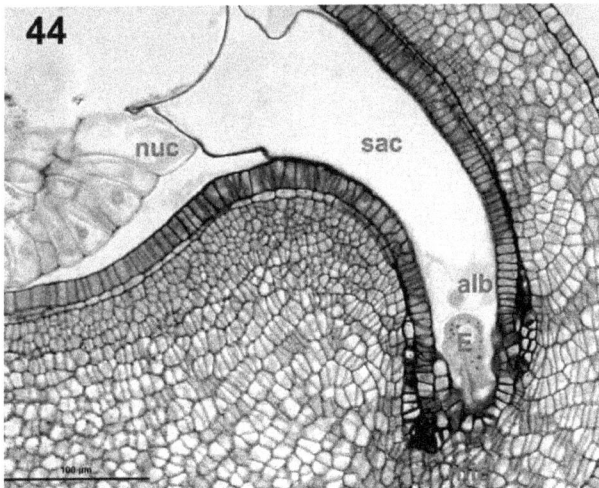

**Planche XIX.** Coupes longitudinales axiales dans des ovules contenant des embryons *P. coccineus* (NI16) x *P. vulgaris* (X707). Les embryons hybrides réciproques sont âgés de 4 JAP. L'embryon du croisement NI16 (♀) x X707 (**Photo 43**) est globulaire jeune, tandis qu'il a atteint le stade de développement globulaire tardif dans le croisement réciproque X707 (♀) x NI16 (**Photo 44**). Les cellules de transfert (*) deviennent évidentes entre l'embryon et l'endothélium (end). L'albumen nucléaire (alb) s'est cellularisé à l'intérieur du sac embryonnaire (sac). Un cordon de cellules albuminées se prolonge jusqu'au nucelle (nuc). La base du suspenseur (S) commence à prendre un volume important du côté micropylaire, par rapport à l'embryon proprement dit (E). L'endothélium est épais (Photos: P. Nguema).

102

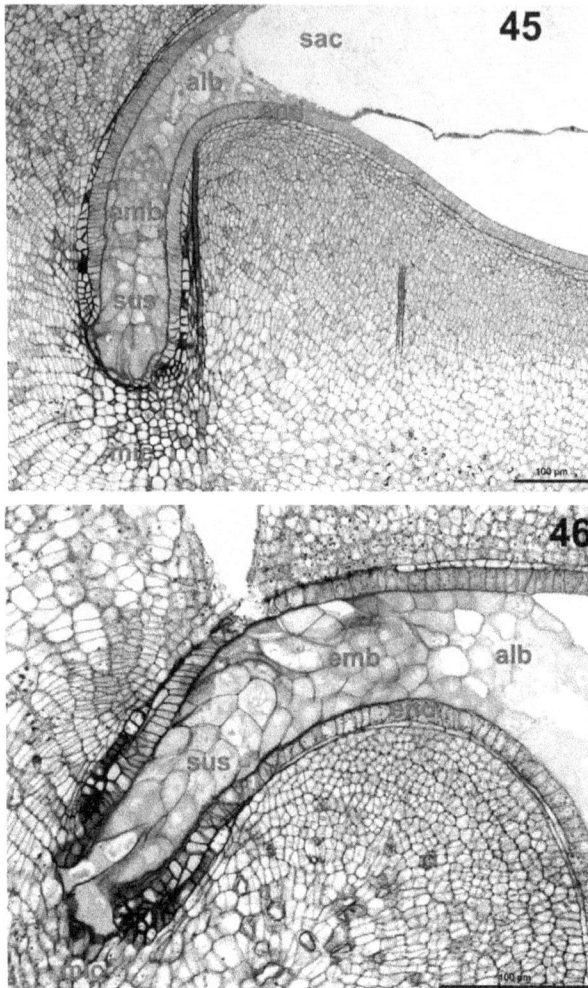

**Planche XX.** Coupes longitudinales axiales dans des ovules contenant des embryons *P. coccineus* (NI16) x *P. vulgaris* (X707), âgés de 5 JAP. L'embryon hybride NI16 (♀) x X707 (**Photo 45**) a grossi latéralement. Du côté micropylaire (mic), le suspenseur (sus) a doublé de taille par rapport à l'embryon hybride X707 (♀) x NI16 (**Photo 46**). Une traînée de cellules d'albumen (alb) sépare le sac embryonnaire de l'embryon proprement dit (emb). La présence de cellules intensément nucléées dans la cavité du sac embryonnaire (sac) traduit le développement de l'albumen. Les embryons ont tous atteint le stade globulaire. La présence de cellules de transfert (*) entre l'embryon et l'endothélium (end) est visible (Photos: P. Nguema).

103

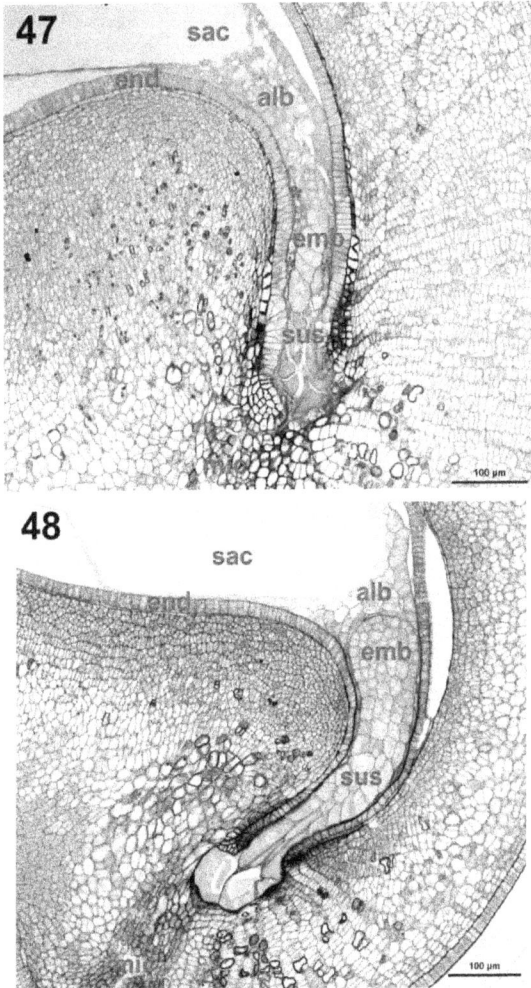

**Planche XXI.** Coupes longitudinales axiales dans des ovules contenant des embryons *P. coccineus* (NI16) x *P. vulgaris* (X707), âgés de 6 JAP. Les embryons n'ont pas beaucoup évolué. Ils sont toujours globulaires tardifs dans le croisement NI16 (♀) x X707 (**Photo 47**). Le suspenseur (sus) est bien développé du côté micropylaire (mic) et les invaginations ( ) de ses cellules basales dans le tégument sont visibles. La couche de cellules de transfert ( ) s'est épaissie entre l'embryon et l'endothélium (end) lorsqu'ils ont atteint le stade cordiforme jeune comme c'est le cas dans la combinaison génotypique X707 (♀) x NI16 (**Photo 48**). Il n'existe pas de grande différence dans le développement entre les deux croisements. Dans les deux cas, une couche d'albumen (alb) sépare l'embryon proprement dit (emb) et le sac embryonnaire (sac) (Photos: P. Nguema).

104

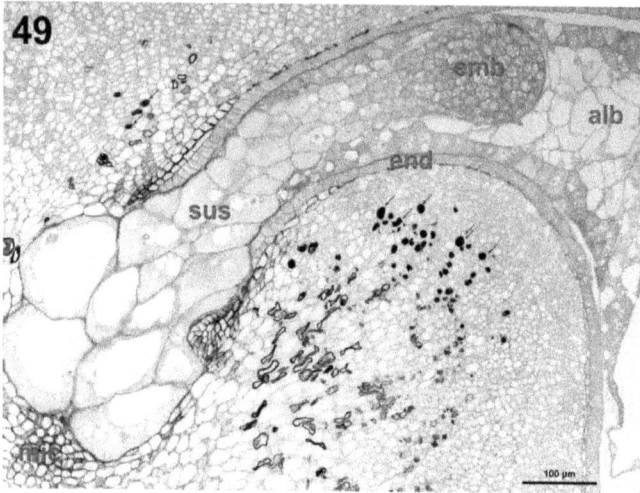

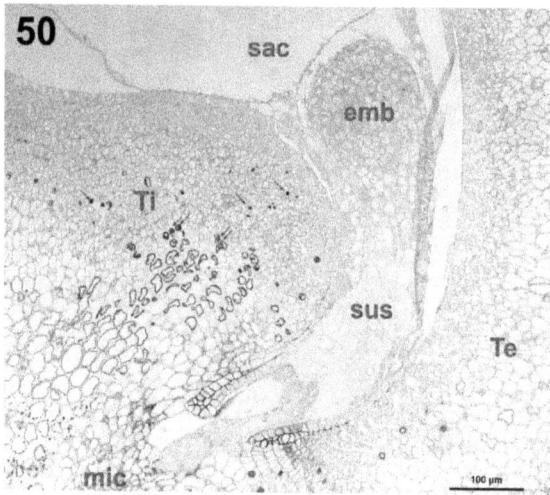

**Planche XXII.** Coupes longitudinales des ovules contenant des embryons *P. coccineus* (NI16) x *P. vulgaris* (X707), âgés de 8 JAP. **Photo 49:** L'embryon de la combinaison génotypique NI16 (♀) x X707 a atteint le stade cordiforme. Une masse importante d'albumen cellulaire (alb) est encore présente dans le sac embryonnaire (sac). Le suspenseur (sus) a considérablement pris du volume vers le micropyle (mic), contrairement à l'embryon proprement dit (emb). **Photo 50:** Dans le croisement X707 (♀) x NI16, l'embryon est au stade de développement cotylédonaire jeune. Chez les deux types d'embryons, on voit les globules d'amidon (↓) intensément colorés au bleu de toluidine, dans les téguments interne et externe (Ti et Te) de l'ovule (Photos: P. Nguema).

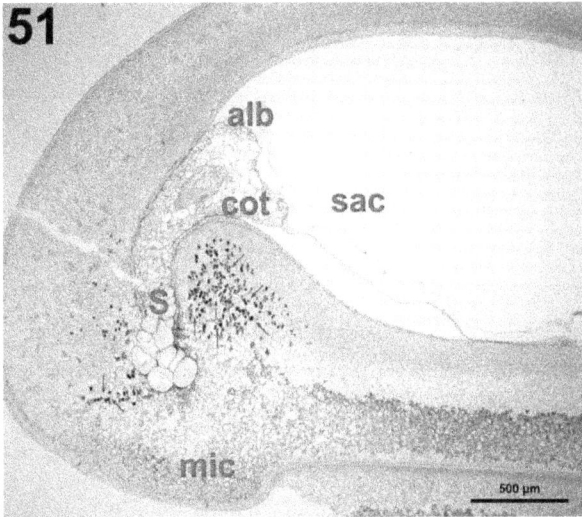

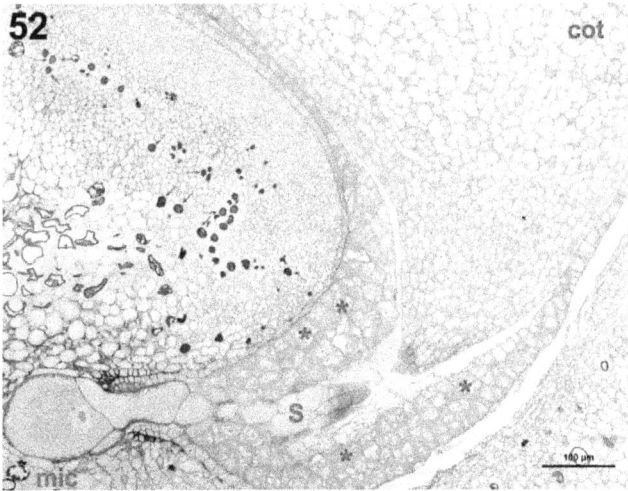

**Planche XXIII.** Coupes longitudinales dans des ovules contenant des embryons *P. coccineus* (NI16) x *P. vulgaris* (X707), âgés de 10 JAP. Les embryons ont atteint le stade cotylédonaire jeune dans la combinaison génotypique NI16 (♀) x X707 (**Photo 51**). Très peu d'albumen reste encore visible au voisinage des cotylédons (cot), à l'intérieur du sac embryonnaire (sac). La forme hypertrophiée du suspenseur (S) persiste chez cet embryon. Les cotylédons commencent à se déployer. Dans le croisement X707 (♀) x NI16 (**Photo 52**), l'embryon a atteint le stade cotylédonaire âgé. Le suspenseur est filiforme du côté micropylaire (mic). Les cotylédons envahissent l'intérieur du sac embryonnaire (sac). Les cellules de transfert ( * ) ont proliféré et les grains d'amidon (↓) sont de plus en plus visibles dans les téguments (Photos: P. Nguema).

Chez l'embryon hybride NI16 (♀) (PC) x X707 (PV) âgé de 6 JAP, les invaginations à la base du suspenseur (**Planche XXI**), déjà signalées chez le génotype maternel NI16, sont aussi présentes. Chez tous les embryons hybrides, l'albumen persiste avec des nuances au niveau de la vacuolisation des cellules. Les cellules de transfert persistent aussi à 6 JAP au voisinage de l'embryon. Au stade cotylédonaire, l'albumen cellulaire n'apparaît plus à cet endroit (**Planche XXIII**). L'endothélium reste intact chez les embryons se développant normalement. Il ne prolifère pas tant que le processus d'avortement n'est pas enclenché. Autour de l'embryon proprement dit, l'endothélium est fait d'une ou deux couches de cellules. Par contre, dans la direction de la chalaze, une simple couche de cellules rangées côte à côte est visible.

Quel que soit le sens du croisement, les embryons hybrides atteignent le stade globulaire à 5 JAP (**Planche XX**). Ensuite, ils évoluent en devenant globulaires tardifs à 6 JAP dans la combinaison NI16 (♀) x X707, et cordiformes jeunes dans le croisement réciproque X707 (♀) x NI16 (**Planche XXI**). Ils sont bordés du côté chalazien par une assise de cellules albuminées plus ou moins épaisse, selon la combinaison génotypique. Le contact est étroit entre, d'une part, le suspenseur et le micropyle et, d'autre part, entre le suspenseur, l'embryon proprement dit et les parois endothéliales. Les cellules de transfert sont perceptibles dans très peu de cas (**Planches XXI & XXIII**), et seulement pour les ovules âgés de plus de 6 JAP. Au stade cotylédonaire, elles ne sont plus visibles.

### 3.3 Croisements réciproques NI1108 (*P. coccineus*) et NI637 (*P. vulgaris*)

L'intérêt d'observer l'évolution histologique des embryons issus des croisements réciproques entre ces deux génotypes réside dans le fait que les combinaisons entre cultivars de *P. vulgaris* et formes sauvages de *P. coccineus* présentent une bonne aptitude aux hybridations (Bannerot, 1983; Debouck & Smartt, 1995). L'abscission des gousses est retardée au cours des dits croisements et permet ainsi de disposer d'un matériel végétal d'âge avancé par rapport aux croisements impliquant les cultivars des deux espèces citées. L'examen histologique de l'embryogenèse de ces hybrides permet donc de mieux expliquer et décrire les avortements des embryons hybrides âgés.

Les **Figures 30** à **35** montrent les embryons hybrides réciproques entre NI637 (*P. vulgaris*) et NI1108 (*P. coccineus*) aux stades globulaire, cordiforme et cotylédonaire de leur développement.

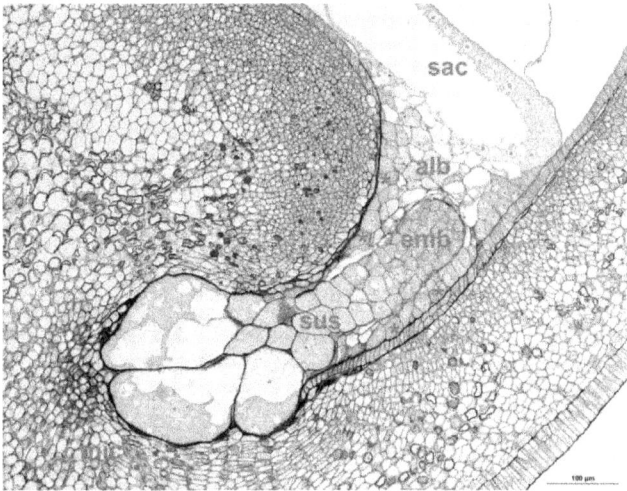

**Figure 30.** Coupe longitudinale axiale de l'embryon globulaire hybride *P. coccineus* (♀) x
*P. vulgaris* (NI1108 x NI637). Les cellules basales du suspenseur (sus) sont enflées, vers le
micropyle (mic) et elles sont plus grandes que les cellules de l'embryon proprement dit (emb).
L'extrémité apicale de l'embryon, vers le sac embryonnaire (sac) et le corps du suspenseur,
sont au contact de l'albumen (alb). Les cellules de transfert (*) se développent entre
l'endothélium (end), l'embryon et le corps du suspenseur (Photo: P. Nguema).

**Figure 31.** Coupe longitudinale axiale de l'embryon globulaire hybride *P. vulgaris* (♀) et
*P. coccineus* (NI637 x NI1108). La disproportion n'est pas grande entre les cellules du
suspenseur (sus) et celles de l'embryon proprement dit (emb). Seule la base du suspenseur,
vers le micropyle (mic) montre des cellules de grandes dimensions. Le corps du suspenseur
est effilé. L'albumen cellulaire (alb) persiste dans le sac embryonnaire (sac). Les cellules de
transfert (*) sont visibles de part et d'autre de l'embryon (Photo: P. Nguema).

108

Le stade globulaire est atteint en moyenne à 8 JAP pour l'hybride NI1108 (♀) x NI637 et 7 JAP pour l'hybride NI637 (♀) x NI1108 tandis qu'il est atteint à 4 et 7 JAP chez les génotypes parentaux (NI637 et NI1108). Les embryons des génotypes parentaux (**Planches VII & X**) ont un suspenseur moins volumineux que les embryons hybrides. Ces derniers montrent de grandes cellules à la base du suspenseur, notamment lorsque *P. coccineus* est le parent maternel. Dans le même ordre d'idées, le suspenseur de l'embryon hybride NI1108 (♀) x NI637, s'hypertrophie au détriment de l'embryon proprement dit. L'embryon est nettement distinct de son suspenseur. Des vacuoles apparaissent dans les cellules basales du suspenseur alors que les cellules du corps du suspenseur restent densément colorées.

Dans tous les ovules hybrides, l'albumen cellulaire persiste au voisinage de l'embryon, à l'intérieur du sac embryonnaire. Des cellules albuminées fortement nucléées longent l'endothélium. Des cellules d'albumen situé vers la chalaze ne semblent pas directement impliquées dans la nutrition de l'embryon. Par contre, cette présence d'albumen distale à l'embryon laisse supposer qu'il y a un transfert des nutriments vers le sac embryonnaire. Cela suggère qu'il s'agit d'un transport nutritif additionnel à celui qui s'effectue de l'endothélium vers l'embryon et le suspenseur, au stade de développement globulaire de l'embryon.

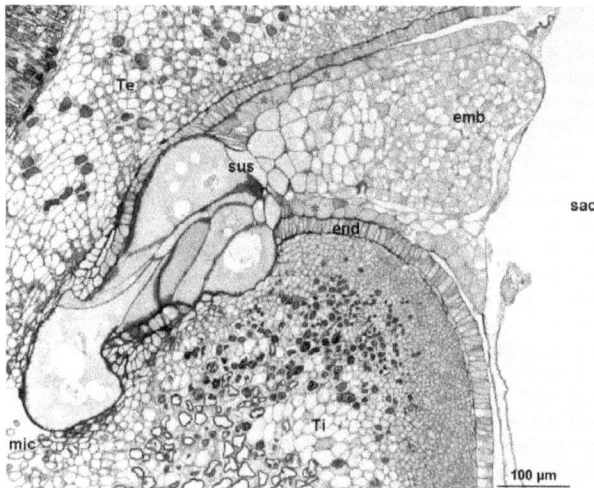

**Figure 32.** Coupe longitudinale axiale de l'embryon cordiforme de l'hybride *P. coccineus* (♀) x *P. vulgaris* (NI1108 x NI637). Le suspenseur (sus) est massif par rapport à l'embryon proprement dit (emb). Il est ancré dans les téguments (Ti et Te) vers le micropyle (mic). Le sac embryonnaire (sac) est vide. Les cellules de transfert (*) sont comprimées entre l'endothélium (end) et l'embryon. Les téguments sont colonisés par des globules d'amidon (↓) colorés en noir par le bleu de toluidine (Photo: P. Nguema).

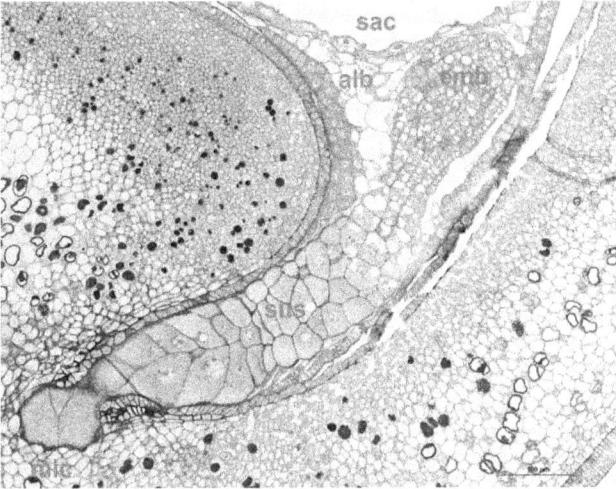

**Figure 33.** Coupe longitudinale axiale de l'embryon cordiforme de l'hybride *P. vulgaris* x *P. coccineus* (NI637 (♀) x NI1108). L'embryon (emb) a un suspenseur (sus) massif, composé de nombreuses petites cellules sauf dans sa partie micropylaire. L'albumen (alb) est toujours visible dans le sac embryonnaire (sac). Des globules d'amidon sont visibles au niveau des téguments grâce à la coloration au bleu de toluidine. Les cellules de transfert (*) sont visibles entre le corps du suspenseur et l'endothélium (end) (Photo: P. Nguema).

Les embryons de NI1108 (♀) x NI637 atteignent en moyenne le stade cordiforme à 10 JAP. Chez NI637, le stade cordiforme s'initie vers 5 JAP en moyenne et l'embryon devient cordiforme tardif à 7 JAP. Les embryons de NI1108 et NI637 (♀) x NI1108 sont cordiformes à 9 JAP. À ce stade de développement, l'embryon proprement dit s'élargit, occupant plus de place dans le sac embryonnaire. La forme massive du suspenseur persiste chez les embryons hybrides NI1108 (♀) x NI637. Une zone de rétrécissement relie les cellules suspensoriales hypertrophiées de l'embryon hybride à l'embryon proprement dit. Ceci expliquerait une alimentation déficiente de l'embryon *via* le suspenseur. L'endothélium est intact au voisinage de l'embryon. L'albumen cellulaire n'est pas complètement résorbé dans les ovules. L'embryon s'alimente surtout grâce aux liaisons existant entre l'endothélium et l'albumen.

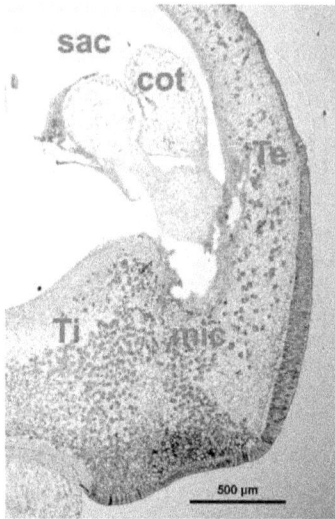

**Figure 34.** Coupe longitudinale axiale d'un ovule contenant un embryon *P. coccineus* x *P. vulgaris* (NI1108 (♀) x NI637) ayant atteint le stade de développement cotylédonaire. Dans le sac embryonnaire (sac), les cotylédons (cot) de l'embryon hybride sont développés mais ils sont de petite taille. Le voisinage du micropyle et les téguments (Ti et Te) sont colonisés par de nombreux globules (↓) colorés en noir au bleu de toluidine révélant ainsi la présence de grains d'amidon (Photo: P. Nguema).

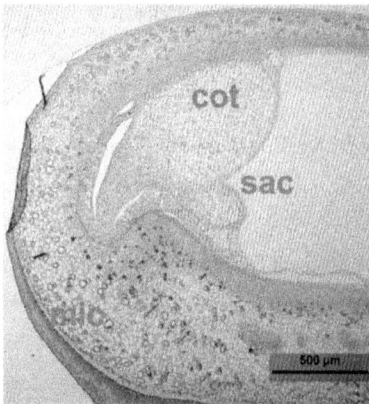

**Figure 35.** Coupe longitudinale axiale d'un ovule contenant un embryon *P. vulgaris* x *P. coccineus* (NI637 (♀) x NI1108) ayant atteint le stade de développement cotylédonaire. Les cotylédons (cot) sont développés à l'intérieur du sac embryonnaire (sac). Le suspenseur est de petite taille par rapport au reste de l'embryon. Les grains d'amidon sont visibles (↓) dans les assises tégumentaires et la région micropylaire (mic) (Photo: P. Nguema).

Les embryons hybrides atteignent le stade cotylédonaire à 12 JAP en moyenne ; ce stade est atteint chez les génotypes parentaux à 9 JAP chez NI637 (**Planche XI**) et 11 JAP chez NI1108 (**Planche VIII**).

Chez les embryons hybrides, le suspenseur s'enfonce dans les téguments et y développe d'importantes invaginations utiles à l'alimentation de l'embryon. Le contact entre l'albumen et les cotylédons est établi dans le même but. L'albumen a disparu au voisinage de l'embryon proprement dit, mais les cotylédons se sont développés dans une bonne partie du sac embryonnaire. L'endothélium est écrasé sous la pression des cellules basales du suspenseur. Les cellules de transfert sont visibles aux points de contact entre l'endothélium et l'embryon, le suspenseur et l'albumen. Des épaississements intracellulaires sont aussi observés au niveau de l'endothélium et des assises tégumentaires, avec de nombreux grains d'amidon.

Dans ces ovules hybrides, aucun contact direct n'existe entre l'embryon proprement dit et l'endothélium. Une couche de cellules de transfert est visible entre les deux structures. Le contact est plus étroit entre l'endothélium et la base du suspenseur. L'albumen borde la partie apicale de l'embryon et touche la partie supérieure du suspenseur. Dans certains cas, des cellules de transfert relient encore la base du suspenseur à l'albumen et le corps du suspenseur à l'endothélium. Ceci traduit des difficultés d'approvisionnement de l'embryon en nutriments.

Au regard de la proximité entre les cotylédons et le reste des cellules de l'albumen, il est possible que l'approvisionnement de l'embryon hybride en nutriments se fasse de l'extérieur du sac embryonnaire vers l'albumen et, de l'albumen vers la face abaxiale des cotylédons. Les coupes sériées montrent des cotylédons d'embryons hybrides, vacuolisés au-delà de 10 JAP et chargés de substances de réserves, traduisant le début du processus de maturation.

### 3.4. Évolution des paramètres des embryons et ovules *P. coccineus* x *P. vulgaris*

Les **Tableaux 19** à **24** récapitulent les principales mesures faites sur les structures embryonnaires et ovulaires lors des croisements réciproques entre les génotypes de *P. coccineus* (NI16 et NI1108) et ceux de *P. vulgaris* (NI637 et X707).

**Tableau 19.** Évolution du nombre de cellules du suspenseur chez les hybrides réciproques *P. coccineus* x *P. vulgaris*.

| Nombre de jours après pollinisation | *P. coccineus* (♀) x *P. vulgaris* | | | *P. vulgaris* (♀) x *P. coccineus* | | |
|---|---|---|---|---|---|---|
| | NI16xNI637 | NI16xX707 | NI1108xNI637 | NI637xNI16 | X707xNI16 | NI637xNI1108 |
| | Nombre de cellules du suspenseur | | | | | |
| 3 | $10 \pm 1^b$ | $2 \pm 1^a$ | $3 \pm 1^a$ | $3 \pm 1^a$ | $3 \pm 1^a$ | $3 \pm 1^a$ |
| 4 | $12 \pm 1^c$ | $6 \pm 1^{ab}$ | $4 \pm 1^a$ | $4 \pm 1^a$ | $6 \pm 1^{ab}$ | $4 \pm 1^a$ |
| 5 | $15 \pm 1^b$ | $16 \pm 1^b$ | $5 \pm 1^a$ | $14 \pm 1^b$ | $21 \pm 2^c$ | $5 \pm 1^a$ |
| 6 | $18 \pm 1^d$ | $12 \pm 1^b$ | $6 \pm 1^a$ | $16 \pm 1^{cd}$ | $20 \pm 2^d$ | $13 \pm 2^{bc}$ |
| 7 | $13 \pm 1^b$ | $14 \pm 1^b$ | $7 \pm 2^a$ | $20 \pm 2^c$ | $22 \pm 2^c$ | $20 \pm 3^c$ |
| 8 | $20 \pm 1^b$ | $30 \pm 4^c$ | $17 \pm 3^a$ | $21 \pm 2^b$ | $22 \pm 2^b$ | $31 \pm 2^c$ |
| 9 | $14 \pm 2^a$ | $36 \pm 4^e$ | $25 \pm 1^b$ | $24 \pm 2^b$ | $28 \pm 2^{cd}$ | $33 \pm 4^e$ |
| 10 | $20 \pm 2^a$ | $38 \pm 2^e$ | $27 \pm 3^{bc}$ | $23 \pm 3^{ab}$ | $29 \pm 2^{cd}$ | $30 \pm 3^{cd}$ |
| 11 | nd* | $22 \pm 2^a$ | $44 \pm 4^c$ | nd* | $37 \pm 4^{bc}$ | $34 \pm 4^b$ |
| 12 | nd* | nd* | $39 \pm 5^b$ | nd* | nd* | $27 \pm 2^a$ |
| 13 | nd* | nd* | $37 \pm 3^b$ | nd* | nd* | $25 \pm 1^a$ |
| 14 | nd* | nd* | $46 \pm 7^b$ | nd* | nd* | $26 \pm 2^a$ |

Effectif : n = 15 ; $\bar{x} \pm \sigma$ : Moyenne ± écart-type; nd*: non disponible.
Les valeurs affectées d'une même lettre en exposant sur la même ligne ne sont pas significativement différentes au seuil de 5%, pour un nombre de JAP donné, entre combinaisons génotypiques.

**Tableau 20.** Évolution de la longueur du suspenseur chez les hybrides réciproques *P. coccineus* x *P. vulgaris*.

| Nombre de jours après pollinisation | *P. coccineus* (♀) x *P. vulgaris* | | | *P. vulgaris* (♀) x *P. coccineus* | | |
|---|---|---|---|---|---|---|
| | NI16xNI637 | NI16xX707 | NI1108xNI637 | NI637xNI16 | X707xNI16 | NI637xNI1108 |
| | Longueur du suspenseur (µm) | | | | | |
| 3 | $54 \pm 4^{cd}$ | $40 \pm 1^{b}$ | $41 \pm 3^{b}$ | $59 \pm 13^{d}$ | $35 \pm 5^{ab}$ | $39 \pm 3^{b}$ |
| 4 | $141 \pm 10^{e}$ | $87 \pm 3^{c}$ | $106 \pm 11^{d}$ | $43 \pm 4^{b}$ | $37 \pm 1^{a}$ | $181 \pm 12^{f}$ |
| 5 | $159 \pm 8^{b}$ | $163 \pm 14^{bc}$ | $126 \pm 15^{a}$ | $201 \pm 11^{d}$ | $218 \pm 28^{d}$ | $149 \pm 12^{ab}$ |
| 6 | $149 \pm 10^{b}$ | $154 \pm 12^{b}$ | $168 \pm 14^{bc}$ | $249 \pm 8^{d}$ | $305 \pm 12^{e}$ | $86 \pm 9^{a}$ |
| 7 | $250 \pm 44^{a}$ | $264 \pm 12^{ab}$ | $234 \pm 11^{a}$ | $297 \pm 22^{b}$ | $320 \pm 34^{bc}$ | $311 \pm 36^{bc}$ |
| 8 | $432 \pm 37^{c}$ | $408 \pm 23^{bc}$ | $387 \pm 26^{ab}$ | $387 \pm 24^{ab}$ | $418 \pm 43^{bc}$ | $348 \pm 62^{a}$ |
| 9 | $530 \pm 64^{d}$ | $764 \pm 36^{e}$ | $492 \pm 22^{c}$ | $334 \pm 41^{a}$ | $411 \pm 29^{b}$ | $338 \pm 19^{a}$ |
| 10 | $686 \pm 112^{de}$ | $617 \pm 27^{d}$ | $525 \pm 36^{bc}$ | $733 \pm 64^{e}$ | $482 \pm 56^{b}$ | $347 \pm 17^{a}$ |
| 11 | nd* | $30312 \pm 2551^{c}$ | $584 \pm 114^{ab}$ | nd* | $507 \pm 49^{a}$ | $458 \pm 22^{a}$ |
| 12 | nd* | nd* | $632 \pm 56^{a}$ | nd* | nd* | $572 \pm 38^{a}$ |
| 13 | nd* | nd* | $650 \pm 59^{a}$ | nd* | nd* | $729 \pm 57^{a}$ |
| 14 | nd* | nd* | $963 \pm 76^{a}$ | nd* | nd* | $816 \pm 74^{a}$ |

Effectif : n = 15 ; $\bar{x} \pm \sigma$ : Moyenne ± écart-type; nd*: non disponible.
Les valeurs affectées d'une même lettre en exposant sur la même ligne ne sont pas significativement différentes au seuil de 5%, pour un nombre de JAP donné, entre combinaisons génotypiques.

**Tableau 21.** Évolution de la surface du suspenseur chez les hybrides réciproques *P. coccineus* x *P. vulgaris*.

| Nombre de jours après pollinisation | *P. coccineus* (♀) x *P. vulgaris* | | | *P. vulgaris* (♀) x *P. coccineus* | | |
|---|---|---|---|---|---|---|
| | NI16xNI637 | NI16xX707 | NI1108xNI637 | NI637xNI16 | X707xNI16 | NI637xNI1108 |
| | Surface du suspenseur (µm²) | | | | | |
| 3 | $2151 \pm 602^{f}$ | $1884 \pm 375^{ef}$ | $1313 \pm 180^{cd}$ | $1552 \pm 393^{de}$ | $608 \pm 32^{a}$ | $876 \pm 67^{b}$ |
| 4 | $8315 \pm 785^{e}$ | $4623 \pm 623^{c}$ | $5807 \pm 633^{d}$ | $776 \pm 49^{a}$ | $756 \pm 52^{a}$ | $895 \pm 62^{ab}$ |
| 5 | $10190 \pm 596^{e}$ | $13195 \pm 1253^{e}$ | $6869 \pm 339^{b}$ | $9196 \pm 277^{c}$ | $10649 \pm 544^{d}$ | $3830 \pm 301^{a}$ |
| 6 | $11701 \pm 934^{e}$ | $9422 \pm 1347^{de}$ | $7967 \pm 1002^{cd}$ | $15622 \pm 874^{f}$ | $1855 \pm 1608^{ab}$ | $1703 \pm 156^{a}$ |
| 7 | $21390 \pm 3359^{ab}$ | $19773 \pm 1407^{a}$ | $23930 \pm 3228^{c}$ | $20108 \pm 1777^{ab}$ | $22977 \pm 1970^{bc}$ | $31656 \pm 2092^{d}$ |
| 8 | $52928 \pm 3625^{d}$ | $41746 \pm 3960^{bc}$ | $60279 \pm 1803^{e}$ | $33493 \pm 2348^{ab}$ | $29317 \pm 3221^{a}$ | $33881 \pm 6881^{ab}$ |
| 9 | $68218 \pm 4836^{c}$ | $124939 \pm 7337^{e}$ | $83787 \pm 4704^{d}$ | $32167 \pm 2492^{a}$ | $36883 \pm 3244^{ab}$ | $38433 \pm 2672^{b}$ |
| 10 | $131144 \pm 18718^{d}$ | $82039 \pm 8803^{cd}$ | $60663 \pm 3003^{b}$ | $80476 \pm 836^{c}$ | $58056 \pm 7445^{b}$ | $40620 \pm 1840^{a}$ |
| 11 | nd* | $100052 \pm 13370^{c}$ | $169577 \pm 14329^{d}$ | nd* | $60919 \pm 9445^{b}$ | $42308 \pm 3337^{a}$ |
| 12 | nd* | nd* | $156921 \pm 23856^{b}$ | nd* | nd* | $61349 \pm 3163^{a}$ |
| 13 | nd* | nd* | $66737 \pm 3938^{a}$ | nd* | nd* | $164663 \pm 21490^{b}$ |
| 14 | nd* | nd* | $103170 \pm 6793^{a}$ | nd* | nd* | $236540 \pm 26587^{b}$ |

Effectif : n = 15 ; $\bar{x} \pm \sigma$ : Moyenne ± écart-type; nd*: non disponible.
Les valeurs affectées d'une même lettre en exposant sur la même ligne ne sont pas significativement différentes au seuil de 5%, pour un nombre de JAP donné, entre combinaisons génotypiques.

**Tableau 22.** Évolution de la longueur de l'embryon chez les hybrides réciproques *P. coccineus* x *P. vulgaris.*

| Nombre de jours après pollinisation | *P. coccineus* (♀) x *P. vulgaris* | | | *P. vulgaris* (♀) x *P. coccineus* | | |
|---|---|---|---|---|---|---|
| | NI16xNI637 | NI16xX707 | NI1108xNI637 | NI637xNI16 | X707xNI16 | NI637xNI1108 |
| | Longueur de l'embryon (µm) | | | | | |
| 3 | $103 \pm 10^{d}$ | $56 \pm 4^{a}$ | $76 \pm 5^{c}$ | $238 \pm 20^{e}$ | $71 \pm 3^{bc}$ | $79 \pm 4^{c}$ |
| 4 | $263 \pm 12^{de}$ | $191 \pm 11^{c}$ | $185 \pm 17^{c}$ | $133 \pm 8^{b}$ | $72 \pm 3^{a}$ | $313 \pm 21^{e}$ |
| 5 | $299 \pm 20^{ab}$ | $279 \pm 16^{a}$ | $265 \pm 17^{a}$ | $317 \pm 16^{b}$ | $371 \pm 22^{cd}$ | $396 \pm 44^{d}$ |
| 6 | $259 \pm 8^{ab}$ | $323 \pm 14^{c}$ | $307 \pm 34^{c}$ | $373 \pm 9^{d}$ | $486 \pm 16^{e}$ | $207 \pm 33^{a}$ |
| 7 | $761 \pm 164^{de}$ | $373 \pm 7^{a}$ | $430 \pm 32^{b}$ | $497 \pm 34^{bc}$ | $579 \pm 128^{cd}$ | $608 \pm 30^{d}$ |
| 8 | $905 \pm 28^{c}$ | $712 \pm 29^{ab}$ | $670 \pm 48^{a}$ | $704 \pm 21^{ab}$ | $721 \pm 76^{b}$ | $655 \pm 67^{a}$ |
| 9 | $1260 \pm 126^{d}$ | $1221 \pm 126^{d}$ | $848 \pm 64^{bc}$ | $950 \pm 71^{c}$ | $793 \pm 22^{b}$ | $657 \pm 46^{a}$ |
| 10 | $1382 \pm 203^{cd}$ | $960 \pm 71^{b}$ | $840 \pm 73^{ab}$ | $1707 \pm 103^{d}$ | $1276 \pm 451^{bc}$ | $806 \pm 76^{a}$ |
| 11 | nd* | $404 \pm 34^{a}$ | $1183 \pm 150^{c}$ | nd* | $1820 \pm 217^{d}$ | $921 \pm 89^{bc}$ |
| 12 | nd* | nd* | $1283 \pm 270^{a}$ | nd* | nd* | $1551 \pm 97^{a}$ |
| 13 | nd* | nd* | $1573 \pm 86^{a}$ | nd* | nd* | $3009 \pm 461^{b}$ |
| 14 | nd* | nd* | $2220 \pm 333^{a}$ | nd* | nd* | $3012 \pm 545^{b}$ |

Effectif : n = 15 ; $\bar{x} \pm \sigma$ : Moyenne ± écart-type; nd*: non disponible.
Les valeurs affectées d'une même lettre en exposant sur la même ligne ne sont pas significativement différentes au seuil de 5%, pour un nombre de JAP donné, entre combinaisons génotypiques.

**Tableau 23.** Évolution de la largeur de l'embryon chez les hybrides réciproques *P. coccineus* x *P. vulgaris.*

| Nombre de jours après pollinisation | *P. coccineus* (♀) x *P. vulgaris* | | | *P. vulgaris* (♀) x *P. coccineus* | | |
|---|---|---|---|---|---|---|
| | NI16xNI637 | NI16xX707 | NI1108xNI637 | NI637xNI16 | X707xNI16 | NI637xNI1108 |
| | Largeur de l'embryon (µm) | | | | | |
| 3 | $25 \pm 1^{a}$ | $30 \pm 1^{bc}$ | $31 \pm 3^{bc}$ | $34 \pm 5^{c}$ | $27 \pm 4^{ab}$ | $34 \pm 3^{c}$ |
| 4 | $45 \pm 5^{c}$ | $45 \pm 4^{c}$ | $64 \pm 6^{d}$ | $35 \pm 3^{b}$ | $21 \pm 1^{a}$ | $47 \pm 4^{c}$ |
| 5 | $61 \pm 4^{b}$ | $63 \pm 6^{bc}$ | $58 \pm 5^{ab}$ | $54 \pm 4^{a}$ | $66 \pm 3^{c}$ | $113 \pm 38^{d}$ |
| 6 | $68 \pm 2^{cd}$ | $49 \pm 8^{ab}$ | $63 \pm 5^{c}$ | $73 \pm 3^{d}$ | $87 \pm 6^{e}$ | $40 \pm 4^{a}$ |
| 7 | $121 \pm 22^{bc}$ | $69 \pm 10^{a}$ | $89 \pm 5^{ab}$ | $125 \pm 11^{bc}$ | $131 \pm 30^{c}$ | $115 \pm 16^{b}$ |
| 8 | $144 \pm 9^{b}$ | $108 \pm 13^{a}$ | $109 \pm 13^{a}$ | $181 \pm 10^{c}$ | $172 \pm 32^{bc}$ | $209 \pm 53^{cd}$ |
| 9 | $319 \pm 46^{d}$ | $247 \pm 14^{bc}$ | $192 \pm 15^{a}$ | $218 \pm 29^{ab}$ | $209 \pm 15^{ab}$ | $220 \pm 27^{ab}$ |
| 10 | $551 \pm 72^{d}$ | $115 \pm 11^{a}$ | $205 \pm 16^{b}$ | $782 \pm 44^{e}$ | $751 \pm 94^{e}$ | $277 \pm 69^{bc}$ |
| 11 | nd* | $235 \pm 16^{a}$ | $277 \pm 40^{ab}$ | nd* | $767 \pm 117^{c}$ | $488 \pm 109^{bc}$ |
| 12 | nd* | nd* | $625 \pm 73^{b}$ | nd* | nd* | $484 \pm 30^{a}$ |
| 13 | nd* | nd* | $567 \pm 58^{a}$ | nd* | nd* | $553 \pm 72^{a}$ |
| 14 | nd* | nd* | $938 \pm 65^{a}$ | nd* | nd* | $1203 \pm 245^{a}$ |

Effectif : n = 15 ; $\bar{x} \pm \sigma$ : Moyenne ± écart-type; nd*: non disponible.
Les valeurs affectées d'une même lettre en exposant sur la même ligne ne sont pas significativement différentes au seuil de 5%, pour un nombre de JAP donné, entre combinaisons génotypiques.

**Tableau 24.** Évolution de l'épaisseur de l'endothélium chez les hybrides réciproques *P. coccineus* x *P. vulgaris.*

| Nombre de jours après pollinisation | *P. coccineus* (♀) x *P. vulgaris* | | | *P. vulgaris* (♀) x *P. coccineus* | | |
|---|---|---|---|---|---|---|
| | NI16xNI637 | NI16xX707 | NI1108xNI637 | NI637xNI16 | X707xNI16 | NI637xNI1108 |
| | Épaisseur de l'endothélium (µm) | | | | | |
| 3 | $20 \pm 1^{ab}$ | $21 \pm 1^{b}$ | $20 \pm 1^{ab}$ | $22 \pm 2^{bc}$ | $18 \pm 1^{a}$ | $22 \pm 3^{bc}$ |
| 4 | $20 \pm 1^{ab}$ | $17 \pm 2^{a}$ | $21 \pm 1^{b}$ | $18 \pm 1^{a}$ | $18 \pm 1^{a}$ | $30 \pm 3^{c}$ |
| 5 | $22 \pm 1^{bc}$ | $19 \pm 2^{ab}$ | $25 \pm 4^{c}$ | $22 \pm 1^{bc}$ | $19 \pm 1^{a}$ | $20 \pm 2^{ab}$ |
| 6 | $20 \pm 2^{a}$ | $30 \pm 1^{c}$ | $23 \pm 2^{ab}$ | $22 \pm 2^{ab}$ | $21 \pm 1^{a}$ | $25 \pm 4^{b}$ |
| 7 | $26 \pm 3^{bc}$ | $29 \pm 3^{c}$ | $22 \pm 2^{a}$ | $21 \pm 2^{a}$ | $22 \pm 3^{a}$ | $23 \pm 2^{ab}$ |
| 8 | $24 \pm 1^{b}$ | $23 \pm 2^{ab}$ | $21 \pm 2^{a}$ | $21 \pm 2^{a}$ | $21 \pm 4^{a}$ | $24 \pm 3^{b}$ |
| 9 | $30 \pm 4^{b}$ | $21 \pm 2^{a}$ | $20 \pm 1^{a}$ | $21 \pm 2^{a}$ | $22 \pm 2^{a}$ | $21 \pm 2^{a}$ |
| 10 | $29 \pm 2^{c}$ | $27 \pm 2^{bc}$ | $24 \pm 2^{ab}$ | $19 \pm 2^{a}$ | $24 \pm 4^{ab}$ | $23 \pm 2^{ab}$ |
| 11 | nd* | $19 \pm 3^{a}$ | $24 \pm 3^{b}$ | nd* | $38 \pm 5^{c}$ | $21 \pm 3^{ab}$ |
| 12 | nd* | nd* | $21 \pm 3^{a}$ | nd* | nd* | $18 \pm 2^{a}$ |
| 13 | nd* | nd* | $32 \pm 4^{a}$ | nd* | nd* | $53 \pm 14^{b}$ |
| 14 | nd* | nd* | $24 \pm 2^{a}$ | nd* | nd* | $34 \pm 3^{b}$ |

Effectif : n = 15 ; $\bar{x} \pm \sigma$ : Moyenne ± écart-type; nd*: non disponible.
Les valeurs affectées d'une même lettre en exposant sur la même ligne ne sont pas significativement différentes au seuil de 5%, pour un nombre de JAP donné, entre combinaisons génotypiques.

Les valeurs moyennes des paramètres mesurés sur des hybrides réciproques NI16 x NI637 montrent des différences statistiquement significatives (Test de Tukey, $p < 0,05$) pour la surface du suspenseur et l'épaisseur de l'endothélium entre les deux types de croisement. Le nombre de cellules du suspenseur croît lentement dans la combinaison NI637 (♀) x NI16 par rapport à la combinaison réciproque. Ce nombre dépasse 10 dans le croisement NI637 (♀) x NI16, à 3 JAP, alors qu'il faut attendre 5 JAP pour que le nombre de cellules du suspenseur atteigne une valeur identique dans le croisement réciproque (**Tableau 19**). En outre, les longueurs du suspenseur et de l'embryon évoluent plus vite dans la combinaison NI637 (♀) x NI16.

Les cellules suspensoriales sont moins nombreuses chez l'hybride interspécifique *P. coccineus* (♀) x *P. vulgaris* que chez les deux espèces parentales (**Tableaux 13 & 19**). En outre, la surface du suspenseur est plus importante chez ces hybrides (**Tableaux15 & 21**).

Des différences statistiques significatives (Test de Tukey, $p < 0,05$) sont observées entre ces croisements réciproques pour les paramètres concernant la longueur du suspenseur (**Tableau 20**), la surface du suspenseur (**Tableau 21**) et la largeur de l'embryon (**Tableau 23**). Le nombre de cellules du suspenseur devient important à partir de 5 JAP, soit 16 dans la combinaison NI16 (♀) x X707 et 21 dans le croisement réciproque. C'est également le moment auquel correspond une croissance significative des différents autres paramètres mesurés, notamment la surface du suspenseur et les longueurs du suspenseur et de l'embryon.

Dans la combinaison génotypique NI637 x NI1108, les différences statistiques significatives (Test de Tukey, p<0,05) existent suivant le sens du croisement, uniquement pour l'épaisseur de l'endothélium (**Tableau 24**). La surface du suspenseur et le nombre de cellules du suspenseur prennent des proportions importantes dès 7 JAP, quelque soit le sens du croisement. L'évolution des paramètres de l'embryon (longueur et largeur de l'embryon) est progressive chez les deux types d'embryons.

Dans l'ensemble, le nombre de cellules du suspenseur des génotypes de *P. vulgaris* est plus élevé à 3 et 4 JAP par rapport aux génotypes de *P. coccineus* (**Tableaux 13**) et aux hybrides (**Tableaux 19**). Aux mêmes âges, les valeurs les plus faibles de ce paramètre se retrouvent chez le génotype NI16 de *P. coccineus*. À 5 JAP, le nombre de cellules du suspenseur est assez proche entre les génotypes parentaux et les hybrides utilisant NI16 comme parent maternel. À cet âge, le nombre de cellules du suspenseur est supérieur à 14 chez tous les embryons, conformément aux observations de Yeung & Meinke (1993). Entre 5 et 6 JAP, la croissance du nombre de cellules du suspenseur se poursuit, excepté dans les combinaisons génotypiques réciproques impliquant NI16 et X707. À 6 JAP, NI16 présente un nombre élevé de cellules du suspenseur pour l'ensemble des échantillons observés, soit 26 cellules.

La longueur du suspenseur à 3 et 4 JAP est plus faible chez le génotype NI16, et plus élevée chez le génotype NI637. À 5 et 6 JAP, les génotypes de *P. vulgaris* (NI637 et X707) atteignent le stade cotylédonaire et la longueur de leur suspenseur est maximale. Par contre, chez les embryons issus des croisements utilisant le cytoplasme de NI16, les tailles des suspenseurs sont plus petites et demeurent inférieures à 200µm aux mêmes âges. Dans l'ensemble, lors de nos observations, la croissance du suspenseur se poursuit chez tous les embryons parentaux. Il continue à se développer dans les croisements utilisant NI16 comme pollinisateur, contrairement au cas où ce génotype est le parent maternel. La taille du suspenseur et la longueur des embryons chez NI637 et X707 sont plus élevées que chez le génotype NI16.

L'augmentation de la taille du suspenseur est liée à l'évolution du nombre de cellules du suspenseur. Chez les génotypes parentaux, ces deux paramètres croissent rapidement et de façon continue. Quel que soit l'âge de l'embryon, le suspenseur des embryons hybrides se caractérise par la faiblesse de leur taille comparativement aux génotypes de *P. vulgaris* (NI637 et X707) et à ceux de *P. coccineus* (NI16 et NI1108). À partir de 5 JAP, le suspenseur du génotype NI16 de *P. coccineus* devient plus grand que celui des embryons hybrides.

La surface du suspenseur s'agrandit chez tous les génotypes et croisements à l'exception de NI16 (♀) x X707, où la valeur est la plus petite à 6 JAP par rapport aux embryons de NI16 (♀) x NI637. Le suspenseur de NI16 est plus volumineux à 6 JAP. La surface des suspenseurs des embryons hybrides est en général inférieure de moitié à celle des embryons parentaux. Le ralentissement de la croissance de la surface du suspenseur chez les embryons hybrides peut expliquer la réduction de la zone de contact entre le suspenseur, les cellules de transfert et les parois endothéliales. Ceci pourrait entraîner une sous-alimentation de l'embryon et mener à l'avortement de l'embryon hybride.

L'évolution de la longueur moyenne du suspenseur est progressive chez tous les embryons. Pour ce paramètre, des différences statistiques significatives existent entre les hybrides et le génotype maternel tout au long des observations.

Concernant l'évolution de la longueur moyenne des embryons, le génotype NI637 montre des différences significatives pour chaque mesure (Test de Tukey à $p<0,05$) entre le génotype NI1108 et les différentes combinaisons réciproques utilisant ce génotype (**Tableaux 16 & 22**).

Dans l'ensemble, des différences statistiquement significatives existent:

- entre les génotypes de *P. coccineus* (NI16 et NI1108) pour l'ensemble des paramètres, sauf la largeur de l'embryon;
- entre les génotypes de *P. vulgaris* NI637 et X707, pour tous les paramètres;
- entre les génotypes parentaux et les hybrides, pour l'ensemble des paramètres entre NI637 et la combinaison NI1108 (♀) x NI637, d'une part et entre X707 et les combinaisons réciproques impliquant les deux génotypes NI1108 et NI637, d'autre part.

### 3.5 Discussion

Sur la base des travaux de Yeung & Clutter (1979), Yeung & Cavey (1988), Yeung & Meinke (1993), Lecomte (1997) et Geerts (2001), les observations faites dans ce travail ont visé à mieux comprendre le processus conduisant à l'avortement de l'embryon hybride, *via* l'étude comparative de l'histologie des embryons autofécondés et hybrides de *P. coccineus* (NI16 et NI1108), *P. vulgaris* (NI637 et X707) et *P. coccineus* x *P. vulgaris* (NI16 x NI637, NI16 x X707 et NI1108 x NI637).

De manière générale, au sein du genre *Phaseolus*, suite à la fécondation, le zygote se développe pour atteindre le stade de développement globulaire jeune dans les 3 à 4 premiers jours suivant la pollinisation. Les cellules de l'embryon proprement dit ont un cytoplasme dense. Le suspenseur est directement relié à la surface interne du tégument interne. Les cellules du suspenseur sont plus vacuolisées par rapport aux cellules de l'embryon proprement dit. L'albumen s'étend rapidement après la fécondation au détriment du tissu nucellaire. La division de l'albumen primaire est de type nucléaire et aboutit à la formation de noyaux libres dans la cavité du sac embryonnaire, en l'absence de cytokinèse. La cytokinèse est la division du cytoplasme dans les dernières phases de la méiose et de la mitose, pour former des cellules filles. La cellularisation de l'albumen s'opère plus tard. Au stade globulaire, de nombreux noyaux bordent le sac embryonnaire et l'embryon qui s'y développe. Sa croissance en taille se fait rapidement. La différenciation histologique débute avec la formation d'une couche distincte de protoderme autour de l'embryon proprement dit.

Plus tard, l'embryon se transforme en embryon cordiforme avec la formation d'une ou deux ébauches cotylédonaires. Dans l'embryon, le procambium commence aussi à se former. Celui-ci traverse le méristème apical et le méristème radiculaire. Les cotylédons prennent rapidement de l'expansion, à travers la vacuolisation et l'extension graduelle vers la chalaze. Simultanément, la cellularisation débute avec la formation de l'albumen cellulaire à proximité de l'embryon et au voisinage de la paroi endothéliale. Un plus grand nombre de cellules albuminées est présent autour de l'embryon en développement. Ces cellules sont fortement vacuolisées avec de minces parois. L'albumen liquide reste au centre du sac embryonnaire. Du côté chalazien, l'albumen est en contact étroit avec le nucelle dont la résorption est progressive.

Juste avant les phases de dessiccation et de maturation, les cotylédons continuent à se déployer suivant l'axe embryonnaire. L'albumen cellulaire se raréfie dans la cavité du sac embryonnaire et le côté chalazien est dépourvu de cellules d'albumen. Pendant que l'embryon augmente de taille, les cellules de l'albumen cellulaire, proches de l'embryon, sont graduellement entassées ou écrasées et leur contenu est absorbé par la croissance de l'embryon. Les cellules de l'albumen bordant la cavité du sac embryonnaire sont de plus en plus petites en taille par rapport à celles localisées dans la région centrale du sac embryonnaire.

Les embryons croissent rapidement et envahissent l'espace délimité par le sac embryonnaire. L'albumen se limite à la couche pariétale, avec une mince épaisseur selon les génotypes et combinaisons génotypiques. Toutes les cellules de l'embryon à ce stade sont vacuolisées. Un petit nombre de minuscules grains d'amidon signalés par Chamberlin *et al.* (1994) puis Lecomte (1997) est présent à l'intérieur des cellules, mais surtout dans les téguments.

Des substances organiques (protéines) commencent aussi à s'accumuler au sein des petites vacuoles au détriment de l'amidon, selon de nombreux auteurs (Dupire *et al.*, 1999; Wan *et al.*, 2002; Tischner *et al.*, 2003). Une fois l'embryon mature, très peu d'amidon reste présent dans les cotylédons et l'axe embryonnaire, et le cytoplasme des cellules de l'embryon est rempli de corps protéinés. Quant à l'albumen, il est réduit dans le sac embryonnaire.

Le futur embryon globulaire résulte des divisions des cellules centrales du proembryon, puis de la formation du procambium et du méristème de base. Vers 5 JAP en moyenne, l'embryon autoféconddé passe du stade globulaire au stade cordiforme et l'activité mitotique augmente, favorisant l'initiation des cotylédons notamment chez *P. vulgaris*. À ce dernier stade, d'autres phénomènes spécifiques interviennent pour la maturation et la déshydratation de la graine (Yeung & Clutter, 1979 ; Harada, 1999 ; Devic & Guilleminot, 2001). Les nutriments sont essentiellement alloués à ces fins plutôt qu'à la croissance des tissus embryonnaires. Des observations similaires sont faites lors de l'embryogenèse de *P. coccineus*.

La position médiane du suspenseur, entre la base micropylaire et l'embryon proprement dit, présume une synthèse et sécrétion de substances nutritives destinées à l'alimentation du jeune embryon. En général, lorsque l'embryon atteint le stade cordiforme, le suspenseur est constitué d'au moins dix cellules (**Tableaux 13 & 19**).

Les cellules de base du suspenseur, fortement nucléées chez les génotypes de *P. coccineus*, s'incrustent dans la paroi du tégument interne (**Planches VII & VIII**). Ce fait traduit l'activité intense du suspenseur, jusqu'au stade cordiforme de l'embryon. Il est d'ailleurs probable que, chez *Phaseolus*, le suspenseur soit plus actif que l'embryon proprement dit pour la synthèse de l'acide ribonucléique et des protéines durant l'embryogenèse précoce comme l'ont observé d'autres auteurs (Walbot *et al.*, 1972 ; Sussex *et al.*, 1973 ; Yeung *et al.*, 1996).

Chez certains hybrides interspécifiques, les parois latérales des cellules suspensoriales sont dépourvues de cellules de transfert. La conséquence de ce fait est la limitation des apports nutritifs à destination de l'embryon hybride dans les premiers jours de l'embryogenèse (**Planche XX, Photo 46**).

Le développement de l'embryon du génotype NI16 (de *P. coccineus*) concorde avec la description de Yeung & Clutter (1978). La formation des invaginations à la base du suspenseur commence tôt (au stade globulaire), chez NI16. Le suspenseur évolue fortement jusqu'au stade cordiforme. L'activité métabolique à la base du suspenseur est traduite par la présence de grandes cellules. Cela concorde avec les conclusions antérieures de Walbot *et al.* (1972), Sussex *et al.* (1973), Yeung & Clutter (1978) et Budimir (2003/4). C'est au stade cordiforme que le suspenseur atteint sa taille maximale. Au-delà de ce stade, il n'évolue plus.

Avant le stade cotylédonaire, la proximité entre le corps du suspenseur, les cellules de transfert et les cellules de l'albumen doit être favorable à l'alimentation de l'embryon. Yeung & Clutter (1978) et Geerts (2001) situent cette phase entre 4 et 5 jours après la pollinisation. En général, le suspenseur de *P. coccineus* est plus volumineux que celui de *P. vulgaris*, conformément aux travaux de Yeung & Meinke (1993). Une colonne de cellules de tailles différentes et rangées en une double assise constitue le corps du suspenseur.

Le développement de l'embryon est similaire chez les génotypes parentaux (*P. vulgaris* et *P. coccineus*) au-delà du stade cordiforme. La différence se situe essentiellement au niveau du délai auquel l'un ou l'autre embryon atteint un stade de développement.

Les premières divisions cellulaires dans les croisements *P. coccineus* x *P. vulgaris* apparaissent donc dès 3 JAP. Lors de ces croisements, les embryons sont globulaires jusqu'à 6 JAP en moyenne (**Planche XIV, Photo 33 & Planche XV, Photo 35**) alors qu'ils ont déjà atteint au moins le stade cordiforme chez les génotypes parentaux (**Planche X**). Ce décalage de développement entre les embryons parentaux et les embryons hybrides est aussi observé lors des croisements entre *P. polyanthus* (♀) et *P. vulgaris*, à un âge identique (Lecomte, 1997; Geerts, 2001). Les embryons hybrides se développent plus lentement par rapport aux embryons parentaux.

L'absence de prolifération de l'endothélium s'explique par le retard du processus d'avortement de l'embryon, d'une part, et par la nature des génotypes parentaux utilisés dans les croisements, d'autre part, contrairement aux observations de Geerts (2001) qui attribue ce phénomène uniquement à l'utilisation de génotypes sauvages de *P. vulgaris* dans les croisements où *P. polyanthus* est pollinisateur.

La cause des avortements des embryons n'est pas liée ici au manque de division du noyau de l'albumen primaire. Le zygote se divise normalement mais on observe selon les cas soit un retard de la cellularisation de l'albumen, soit un développement anarchique de celui-ci. Il se peut que l'échange de nutriments soit plus rapide chez *P. vulgaris* ou bien le développement de l'albumen est plus rapide que chez *P. coccineus*. Ce transfert de nutriments serait encore plus lent chez les hybrides réciproques entre ces deux espèces. Par conséquent, le développement plus rapide des embryons de *P. vulgaris* est favorisé. En outre, les besoins nutritifs de l'embryon hybride *P. coccineus* (♀) x *P. vulgaris* seraient plus élevés que dans les autres cas. Ainsi, une sous-alimentation des embryons au stade précoce de leur développement conduit inévitablement à l'avortement de l'embryon hybride. L'analyse histologique des embryons hybrides révèlent un développement pauvre de l'albumen, suivi de malformations et de l'avortement des embryons, comme on le rencontre lors des croisements chez d'autres genres végétaux (Buitendijk *et al.*, 1995).

En comparant les embryons globulaires des différents génotypes et hybrides, il ressort que pour l'ensemble des paramètres mesurés, les génotypes parentaux (NI16, NI637 et X707) montrent les valeurs les plus élevées par rapport aux hybrides réciproques.

Dans le croisement NI1108 (♀) (PC) x NI637 (PV), l'influence du génotype maternel est prépondérante dans la dynamique de l'embryogenèse. En effet, les divisions du zygote hybride s'initient tardivement par rapport aux embryons parentaux et mènent au développement différé des embryons hybrides (Geerts, 2001). L'avortement de l'embryon est donc lié à l'effet du cytoplasme de ce génotype sauvage (Mallikarjuna & Saxena, 2002).

Les suspenseurs des embryons hybrides développent d'importantes invaginations du côté micropylaire à partir de 5 JAP traduisant une demande nutritive importante (Maheshwari, 1950; Yeung et Sussex, 1979; Lecomte, 1997; Nguema Ndoutoumou *et al.*, 2007). L'embryon proprement dit doit inhiber le développement du suspenseur à ce stade mais ce dernier est plutôt hypertrophié chez l'embryon hybride. Cela freine le développement de l'embryon car la taille du suspenseur influence la demande nutritive de l'embryon. Chez *Phaseolus*, l'albumen se développe selon le modèle nucléaire et une grande partie de l'albumen se cellularise bien avant qu'il ne soit comprimé par l'expansion de l'embryon.

En général, un transfert nutritif entre l'albumen et les cotylédons est possible grâce aux zones de contact des cotylédons (**Figures 34 & 35; Planches XIV & XXII**) au stade cotylédonaire. Chez l'hybride *P. coccineus* x *P. vulgaris*, les anomalies observées dans les ovules aux stades antérieurs pourraient provoquer une réduction de certaines activités responsables du développement embryonnaire. L'albumen n'est pas assez développé, l'embryon s'alimente peu, l'altération des structures maternelles ou embryonnaires se déclenche, puis survient la malformation ou l'avortement de l'embryon.

Les embryons observés suite à ces croisements sont souvent de taille et de forme différentes. Quelques traits morphologiques spécifiques relatifs à la taille du suspenseur par rapport à l'embryon proprement dit révèlent la nature commune de ces embryons hybrides.

Nous observons comme Hoover *et al.* (1985) que la longueur des embryons du croisement *P. coccineus* (♀) x *P. vulgaris* est réduite. Leur croissance ralentit en fonction du nombre de jours après pollinisation (**Tableau 22**). Néanmoins, le rapport existant entre le nombre de jours après pollinisation et le stade de développement atteint par l'embryon n'est pas suffisant pour l'interprétation du développement embryonnaire. On peut ajouter à cela d'autres critères tel que le rapport entre la longueur de l'embryon et celle de la graine, l'épaisseur de la gousse et la longueur de la graine et le ratio longueur de la gousse/nombre de graines par gousse.

Le suivi de l'évolution moyenne des structures embryonnaires et ovulaires, que nous avons réalisé, est une approche intéressante pour l'appréciation du développement embryonnaire. De même, l'observation du nombre de noyaux dans l'albumen liquide comparé au nombre de noyaux dans le tissu embryonnaire (Thomas, 1964) et le poids des suspenseurs des embryons autofécondés par rapport aux embryons hybrides (Yeung *et al.*, 1993; Yeung, 1999) sont de meilleurs indices de comparaison du développement de l'embryon entre les autofécondations des génotypes parentaux et les hybrides réciproques entre *P. coccineus* et *P. vulgaris.* Ces considérations sont plus précises et objectives que l'observation unique de la forme des embryons comme l'ont fait Lecomte (1997) et Geerts (2001) lors des croisements *P. polyanthus* x *P. vulgaris.*

Les divisions cellulaires lors de l'embryogenèse de *Phaseolus* sont similaires à celles observées chez *Arabidopsis* et *Capsella* (Berleth, 1998; Windsor *et al.*, 2000; Gallois, 2001; Grini *et al.*, 2002; Wei & Sun, 2002). Elles commencent avec une division inégale du zygote. L'embryon mature dérive de la cellule apicale, alors que la racine provient de la cellule basale. Les cellules issues de la région apicale et celles provenant de la région basale diffèrent profondément dans l'orientation du plan de leur division. Suite aux divisions consécutives en angle droit, la cellule apicale engendre une structure globulaire de huit cellules, l'octant. Deux divisions verticales et une division horizontale aboutissent à la formation de l'octant. Par contre, les divisions linéaires des cellules filles de la base résultent en une structure filamenteuse, le suspenseur. La séquence des divisions de la cellule apicale demeure invariable.

Chez les embryons hybrides, le développement peut se poursuivre tout comme cela se déroule chez les embryons autofécondés, en occupant éventuellement plus de place dans le sac embryonnaire. Mais, souvent, le processus de maturation est retardé, probablement pour des raisons de synthèse et d'accumulation de réserves dans l'ensemble de la graine. En général, de nombreux embryons restent de petite taille jusqu'à ce qu'ils échouent dans leur développement (Angeles, 1986; Singh & Muñoz, 1999; Lecomte, 1998; Berger, 2003).

**Chapitre 4.** ASPECTS HISTOLOGIQUES LORS DES AVORTEMENTS D'EMBRYONS HYBRIDES

L'hybridation interspécifique est souvent utilisée pour faciliter l'échange génétique chez de nombreux végétaux. Le croisement entre *Phaseolus coccineus* L. et *Phaseolus vulgaris* L. est utile pour l'amélioration génétique du haricot commun. L'utilisation du cytoplasme de *P. vulgaris* lors de ces hybridations aboutit généralement à un retour plus ou moins rapide à la forme maternelle dans les générations ultérieures (Angeles, 1986). Lorsque *P. vulgaris* est pollinisateur, les croisements se soldent par des avortements d'embryons à un stade précoce de leur développement (embryons globulaire ou cordiforme). Des interactions entre l'albumen et l'embryon, d'une part, et entre le suspenseur et l'embryon, d'autre part, conduiraient à des difficultés d'alimentation du jeune embryon (Nguema Ndoutoumou *et al.*, 2006 & 2007). Ce travail vient à la suite de ceux effectués par Lecomte (1997) et Geerts (2001) sur les croisements entre *P. polyanthus* et *P. vulgaris*. Il porte sur les hybridations interspécifiques entre *P. coccineus* et *P. vulgaris*. Les stades précoces de développement ont été observés sur les embryons hybrides *P. coccineus* (♀) x *P. vulgaris*. Tout comme chez d'autres plantes à fleurs, la double fécondation est l'événement qui déclenche le développement parallèle des deux structures multicellulaires intimement liées (le zygote et l'albumen). L'embryon évolue à travers des stades morphologiques bien définis jusqu'à l'arrêt du développement qui mène à la maturité de la graine. Mais l'arrêt peut être anticipé pour diverses raisons alors que l'embryon n'est pas mature.

Chez *Phaseolus*, les embryons hybrides se développent plus lentement lorsque *P. coccineus* est le parent maternel lors des croisements entre *P. coccineus* et *P. vulgaris*. Les avortements d'embryons hybrides *P. coccineus* x *P. vulgaris* ont lieu à tous les stades de développement. Ainsi, les signes d'avortement peuvent être observés tout au long de l'embryogenèse. Selon les formes génotypiques combinées, les symptômes diffèrent et s'expriment d'abord au niveau des structures maternelles puis se répercutent sur les embryons. Durant les tous premiers stades de développement de l'embryon, l'avortement est difficile à déterminer en raison de la taille trop petite de l'ovule et de l'embryon également. De nombreux avortements d'embryons observés sont caractérisés par des signes précurseurs visibles d'abord sur le tissu maternel, puis directement sur les structures embryonnaires.

123

## 4.1 Dégénérescence des structures maternelles

### 4.1.1 Retard de résorption du nucelle

À l'anthèse, de nombreuses cellules nucellaires sont présentes au sein de l'ovule, enveloppant le sac embryonnaire jusqu'au moment de la fécondation. Dès les premiers jours du développement embryonnaire, le nucelle recouvert par les téguments se résorbe pendant que l'albumen emplit progressivement le sac embryonnaire. Lorsque l'embryon est devenu mature, il ne subsiste plus qu'une fine couche de cellules nucellaires, aplaties.

La **Figure 36** montre l'état du nucelle, 3 jours après pollinisation, alors que la fécondation n'a pas eu lieu dans un croisement entre *P. coccineus* (♀) et *P. vulgaris*.

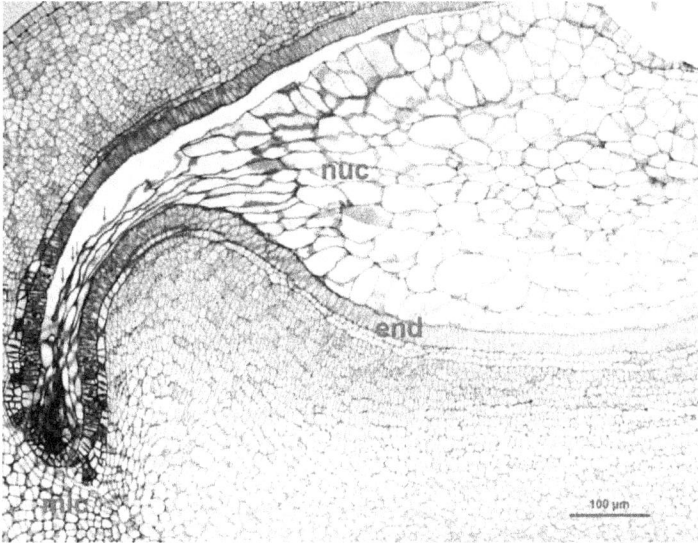

**Figure 36.** Coupe longitudinale d'un ovule de *P. coccineus* (♀) x *P. vulgaris* (NI16 x NI637) âgé de 3 JAP, montrant la persistance de développement du nucelle (nuc). Il occupe l'espace réservé au sac embryonnaire (↓) et s'étend jusqu'à la partie micropylaire (mic). Le nucelle n'est pas totalement détaché de l'endothélium (end) (Photo: P. Nguema).

Lorsque l'avortement a eu lieu, les cellules nucellaires du côté chalazien restent petites et fortement vacuolisées tandis que celles qui se trouvent du côté micropylaire sont densément colorées et font transparaître des noyaux en pleine dégénérescence. À l'aide de la coloration au PAS (Periodic Acid Schiff), on observe des restes de substances amidonnées, réduites et initialement synthétisées pour l'alimentation du futur embryon (Chamberlin *et al.*, 1994; Mawson *et al.*, 1994; Lecomte, 1997).

124

Dans d'autres cas faisant suite à l'avortement d'embryons, la coloration au bleu de toluidine révèle des zones intensément colorées à la jonction entre le nucelle et les cellules tégumentaires, traduisant la présence plus ou moins abondante de substances phénoliques dans le tissu ovulaire (Yeung & Meinke, 1993). La partie médiane de l'ovule est occupée par le nucelle qui s'étire et s'insinue dans le sac embryonnaire.

Au-delà du stade cordiforme jeune du développement embryonnaire, les restes de cellules nucellaires peuvent être visibles du côté micropylaire du sac embryonnaire, de l'ovule avorté. La partie du nucelle située entre la chalaze et le sac embryonnaire montre des cellules dépourvues de cytoplasme contrairement aux cellules qui se trouvent à proximité de la chalaze.

**4.1.2 Prolifération et épaississement de l'endothélium**

Lors du développement de l'embryon hybride *P. coccineus* x *P. vulgaris*, l'évolution de l'endothélium est caractéristique quelle que soit la combinaison génotypique. De manière systématique, l'épaississement de l'endothélium est observé durant l'embryogenèse alors que la prolifération de cette structure maternelle n'intervient que lorsque le mécanisme de l'avortement est déclenché.

La **Planche XXIV** illustre les malformations constatées sur l'endothélium des ovules contenant des embryons hybrides *P. coccineus* (♀) x *P. vulgaris*.

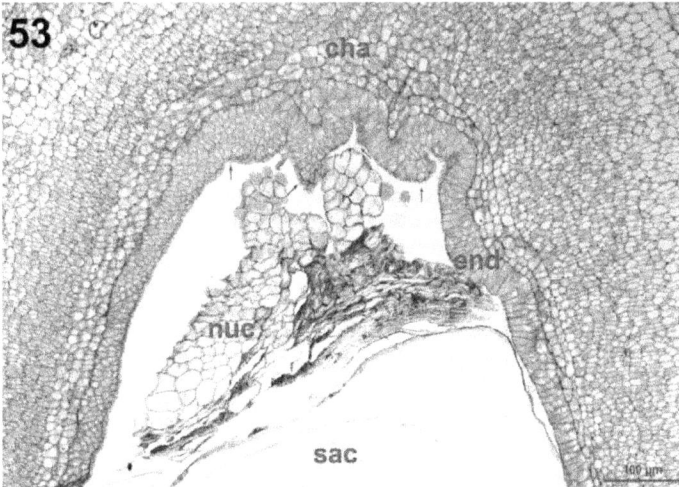

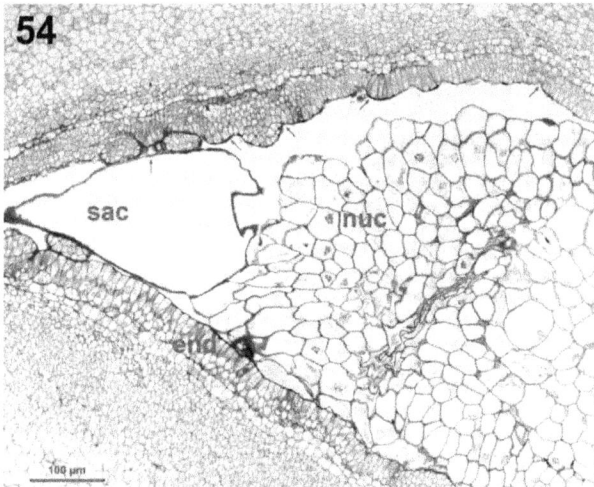

**Planche XXIV.** Coupes longitudinales dans des ovules de *P. coccineus* (♀) x
*P. vulgaris.* **Photo 53:** Ovule hybride (NI16 x NI637) montrant un endothélium (end)
malformé et hypertrophié (↓) du côté chalazien (cha), à proximité du nucelle (nuc).
**Photo 54:** Ovule hybride (NI16 (♀) x X707) montrant la prolifération (↓) de
l'endothélium au cours des stades précoces de l'embryogenèse. La dégradation de
l'endothélium se répand dans la cavité du sac embryonnaire (sac) et au voisinage du
nucelle. Elle provoque la dégradation du nucelle (Photos: P. Nguema).

Dans la partie latérale du sac embryonnaire, l'endothélium est en voie de déstructuration
(**Photo 54**). Du côté chalazien, l'endothélium se déforme, en se plissant (**Photo 53**). C'est un
signe précurseur de la dégénérescence de la structure endothéliale. Par la suite, la

désorganisation des structures ovulaires se poursuit et l'endothélium se décolle progressivement du tégument externe, de la chalaze vers le reste du sac embryonnaire. À certains endroits, l'endothélium s'épaissit, à d'autres, il s'écrase ou se décolle complètement du tégument de l'ovule.

### 4.1.3 Absence de cellules de transfert au voisinage de l'embryon

L'albumen subit une phase de division nucléaire de la cellule à la suite de la fécondation pour donner des noyaux distribués partout dans le sac embryonnaire. L'albumen se retrouve proche de l'embryon et autour de la membrane interne du sac embryonnaire. Dans la suite des divisions de cellules, on retrouve un ensemble de cellules localisées de part et d'autre de l'embryon proprement dit et du corps du suspenseur. Leur rôle sera de servir de pont nutritif entre l'endothélium et l'embryon en développement. Cette structure systématiquement présente lors du développement des embryons autofécondés de *P. coccineus* et *P. vulgaris* n'est pas toujours visible dans des ovules contenant des embryons hybrides *P. coccineus* (♀) x *P. vulgaris*.

La **Figure 37** montre un embryon hybride (*P. coccineus* (♀) x *P. vulgaris*) en contact étroit avec les parois endothéliales de l'ovule.

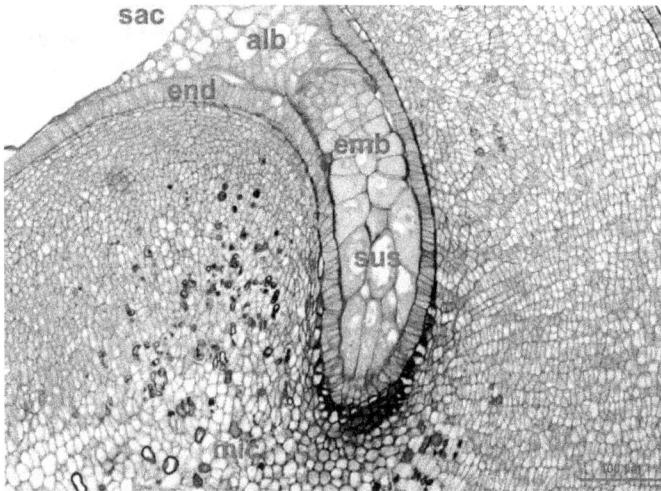

**Figure 37.** Coupe longitudinale axiale dans un ovule montrant un embryon *P. coccineus* x *P. vulgaris* (NI16 (♀) x X707) âgé de 7 JAP. L'embryon a atteint le stade globulaire tardif mais il n'est pas entouré de cellules de transfert devant favoriser le passage des éléments nutritifs de la paroi endothéliale (end) vers l'embryon proprement dit (emb) ou le suspenseur (sus). Cet embryon est ainsi condamné à s'approvisionner uniquement à partir de l'albumen (alb) se trouvant à son contact dans le sac embryonnaire (sac) (Photo: P. Nguema).

127

Les cellules de transfert (**Figures 30** à **33**) dont le rôle est de favoriser le passage des éléments nutritifs de la structure maternelle vers l'embryon sont absentes au voisinage de l'embryon (**Figure 37**). Or, leur présence entre l'embryon et l'endothélium est importante pour la fourniture de nutriments aux embryons. Ces cellules sont indispensables pour suppléer le suspenseur hypertrophié des embryons hybrides (*P. coccineus* (♀) x *P. vulgaris*), dans le rôle de transit et d'approvisionnement de l'embryon en éléments nutritifs. Dès que ces cellules ne se développent pas, l'embryon est voué à une sous-alimentation le conduisant inéluctablement à l'avortement.

La zone de contact entre l'albumen et l'embryon ne présente pas d'épaississement. Cela exclut l'existence de structures cellulaires pouvant servir de relais de nutriments à cet endroit. On en déduit une difficulté d'approvisionnement de l'embryon au départ de cette zone.

## 4.2 Symptômes d'avortements des structures hybrides: diploïde et triploïde

La double fécondation s'achève par la formation du zygote (diploïde) et de l'albumen (triploïde). Pour des raisons génétiques ou physiologiques, le développement de l'une ou l'autre de ces structures peut être perturbé, puis entraîner la défaillance ou l'arrêt de l'autre.

### 4.2.1 Retard dans la division de l'albumen

Chez tous les génotypes de *P. coccineus* et *P. vulgaris*, la division du noyau primaire de l'albumen n'est pas accompagnée de la cytokinèse après la double fécondation (**Planches V & IX**).

Rappelons que l'une des différences du déroulement de l'embryogenèse entre les génotypes autofécondés et les hybrides réciproques concerne souvent le développement de l'albumen. Les anomalies sont observées dans des ovules contenant des embryons hybrides ayant dépassé le stade précoce de développement et ceux amorçant la phase de maturation. Nous remarquons, avec d'autres auteurs (Yeung & Meinke, 1993; Lester & Kang, 1998; Bommert & Werr, 2001 & Costa *et al.*, 2004), une cellularisation précoce de l'albumen suivie d'une sollicitation importante de l'albumen par l'embryon.

Durant les stades les plus avancés de l'embryogenèse, il devient difficile d'identifier les difficultés liées au mauvais fonctionnement de l'albumen car, à l'approche de la dessiccation de la graine, les tissus vivants ne sont plus abondants dans les structures ovulaires, que ce soit dans les graines normales ou dans les ovules avortés.

La **Planche XXV** présente des anomalies observées au niveau de l'albumen lors des croisements entre *P. coccineus* (♀) et *P. vulgaris*.

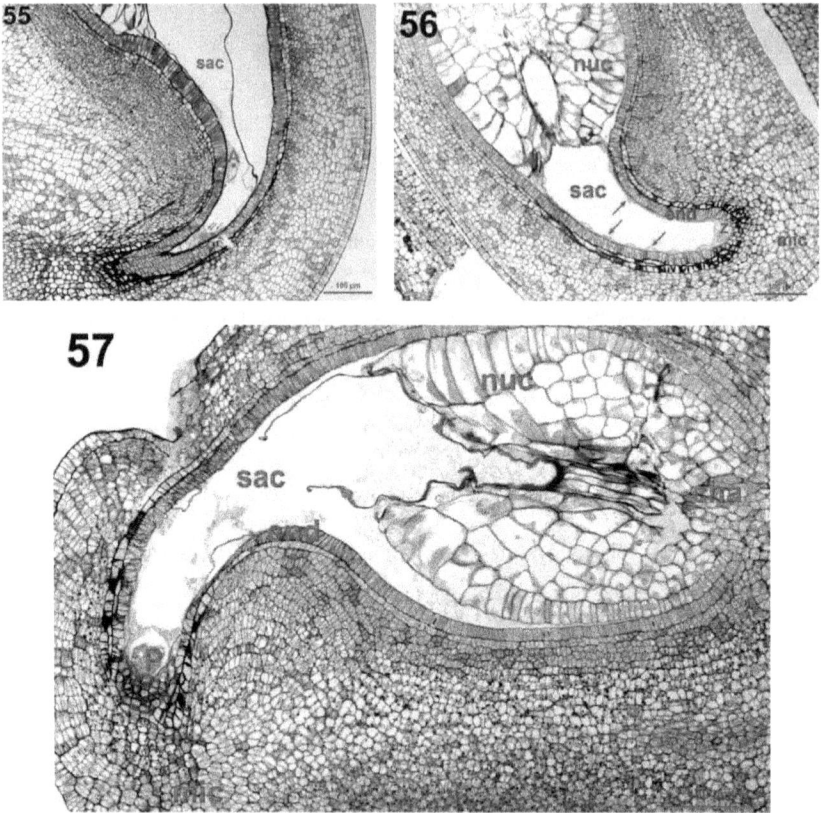

**Planche XXV.** Coupes longitudinales dans des ovules de *P. coccineus* (♀) x *P. vulgaris.* **Photo 55:** Ovule hybride de la combinaison NI16 x NI637, âgé de 7 JAP. On voit une énorme cellule d'albumen nucléaire (**A**), collée à l'endothélium (end) et persistante dans le sac embryonnaire (sac). Par contre du côté micropylaire (mic), il ne reste plus que les résidus issus de la dégradation de l'embryon (↓). L'albumen n'a pas pu se diviser, ni évoluer. Il a de ce fait occasionné l'arrêt du développement de l'embryon. **Photo 56:** Ovule hybride NI16 (♀) x X707, âgé de 3 JAP, montrant l'albumen (↓) collé à l'endothélium. La division du zygote (**Z**) n'a pas encore eu lieu mais le développement de l'albumen devance celui de l'embryon. Les cellules d'albumen s'étirent jusqu'au côté micropylaire du nucelle (nuc). **Photo 57:** Ovule hybride NI1108 (♀) x NI637 âgé de 3 JAP, montrant un proembryon (**P**) du côté micropylaire alors qu'il n'existe pas de traces d'albumen dans le sac embryonnaire. Les structures maternelles tel que l'endothélium et le nucelle (nuc) du côté chalazien (cha) affichent une organisation post-zygotique normale. La double fécondation n'a pas eu lieu (Photos: P. Nguema).

La première division du noyau de l'albumen primaire mène à la formation d'un albumen coenocytique. Malgré cela, la division mitotique du zygote n'a pas suivi (**Photo 55**), ce qui conduit inéluctablement à l'avortement de l'embryon hybride. Dans d'autres circonstances, l'albumen est caractérisé par une faible cellularisation, avec de multiples petites vacuoles éparpillées dans le cytoplasme (**Photo 56**). À ce moment, les noyaux sont faiblement colorés traduisant une activité ralentie de l'albumen. Enfin, l'absence de la double fécondation (**Photo 57**) explique l'arrêt du développement de l'embryon.

La cellularisation de l'albumen a lieu au stade cordiforme de développement de l'embryon hybride ou autofécondé chez *Phaseolus*. Chez les génotypes observés dans ce travail, l'albumen de type nucléaire subit une plus grande cellularisation avant qu'il ne soit écrasé par l'expansion de l'embryon dans le sac embryonnaire. Ainsi, au fur et à mesure que l'embryon croît, seulement une fine couche pariétale d'albumen cellulaire reste près de la paroi endothéliale et au voisinage de l'extrémité apicale de l'embryon proprement dit.

L'albumen constitue parfois une barrière physique difficile à franchir par les nutriments lorsqu'il tapisse la paroi interne de l'endothélium. De ce fait, les embryons poursuivent leur développement mais une réduction de la disponibilité en nutriments va résulter en la sous-alimentation de l'embryon à des stades précoces de développement ou à la formation d'une quantité très faible de réserves pour l'ovule lors des étapes de développement les plus avancées. Ce manque de produits de réserve fragilise les embryons lors de leur maturation. La conséquence de ce phénomène est que les embryons ne survivront pas et vont avorter dans la majorité des cas. C'est certainement l'une des principales raisons des avortements tardifs d'embryons hybrides au sein du genre *Phaseolus*.

De manière générale, lorsque l'albumen est mis en cause dans les avortements d'embryons hybrides, les symptômes sont assez souvent les mêmes. Le développement de l'embryon est retardé. Les cellules de l'albumen central dégénèrent. Les cellules d'albumen les plus proches de l'endothélium diffèrent de celles qui sont au voisinage de l'embryon proprement dit par leur taille et leur organisation spatiale. Dans certains ovules, l'albumen pariétal est plus développé et une couche de cellules de l'albumen borde entièrement la cavité du sac embryonnaire. Plus tard, les vacuoles initialement grandes dans ces cellules d'albumen se divisent et se colorent intensément suggérant ainsi l'existence d'une petite quantité d'amidon dans leur cytoplasme.

Le développement rapide et précoce de l'albumen peut être responsable de la rupture prématurée du développement coordonné entre l'embryon et l'albumen. L'incompatibilité entre ces deux structures est responsable en grande partie des avortements précoces lors des hybridations chez *Phaseolus*. En effet, un développement incohérent de l'albumen par rapport à celui de l'embryon engendre inéluctablement des carences nutritives menant à l'avortement de l'embryon.

**4.2.2 Retard du développement de l'embryon**

L'embryon se développe dans le tissu maternel qui est l'ovule protégé par des téguments. Il est établi que les embryons hybrides ne croissent pas à la même vitesse que les embryons autofécondés au sein du genre *Phaseolus* (Nguema Ndoutoumou *et al.*, 2007). Lors de la croissance de ces derniers, le volume d'albumen liquide diminue, et l'embryon continue à évoluer vers le stade cotylédonaire. Par contre chez l'embryon hybride au même stade de développement (globulaire ou cordiforme), le volume d'albumen liquide augmente, et les cotylédons ne s'étalent pas. Ainsi, les embryons hybrides qui ont poursuivi leur développement avortent pour la plupart au stade cotylédonaire jeune dans les croisements entre *P. coccineus* (♀) et *P. vulgaris*. De ce fait, il paraît évident qu'aux stades globulaires et cordiformes, dans de nombreux cas, l'embryon ne croît pas suffisamment et l'albumen liquide n'est pas correctement absorbé. L'avortement de l'embryon hybride survient alors immédiatement. Cela dénote un retard du développement de l'embryon au détriment de l'albumen.

Les **Planches XXVI** à **XXVIII** montrent les embryons hybrides accusant un retard de développement par rapport à l'albumen lors des hybridations entre *P. coccineus* (♀) et *P. vulgaris*.

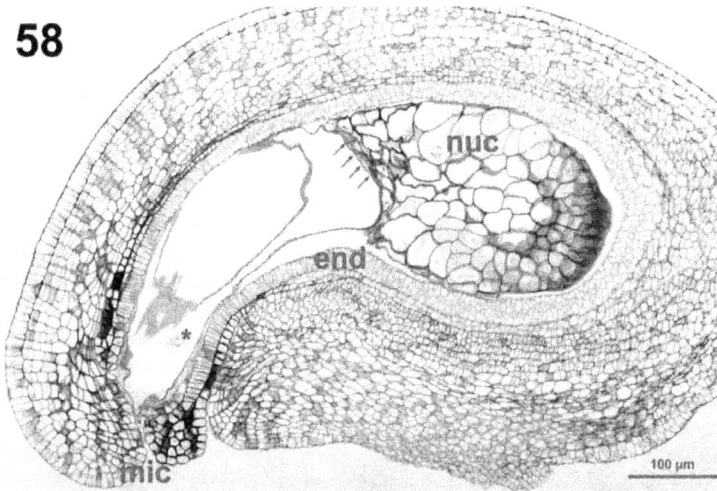

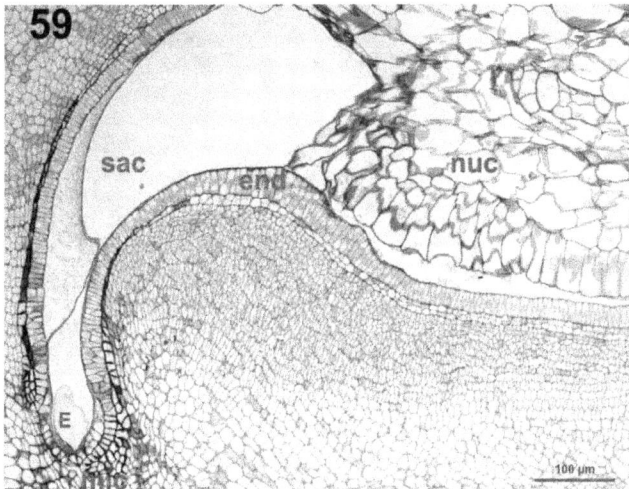

**Planche XXVI.** Coupes longitudinales dans des ovules de *P. coccineus* (NI16 (♀)) x *P. vulgaris* (NI637), âgés de 5 JAP. Le côté micropylaire (mic) est indiqué au bas de l'image. **Photo 58:** La première division du zygote n'a pas eu lieu; on aperçoit encore les restes cellulaires du proembryon (*). La résorption des cellules (↓) du nucelle (nuc) ne s'est pas poursuivie. **Photo 59:** Le développement de l'embryon (E) est arrêté. Le nucelle se désorganise. L'endothélium (end) s'épaissit et la membrane du sac embryonnaire (sac) est collée à l'endothélium (Photos: P. Nguema).

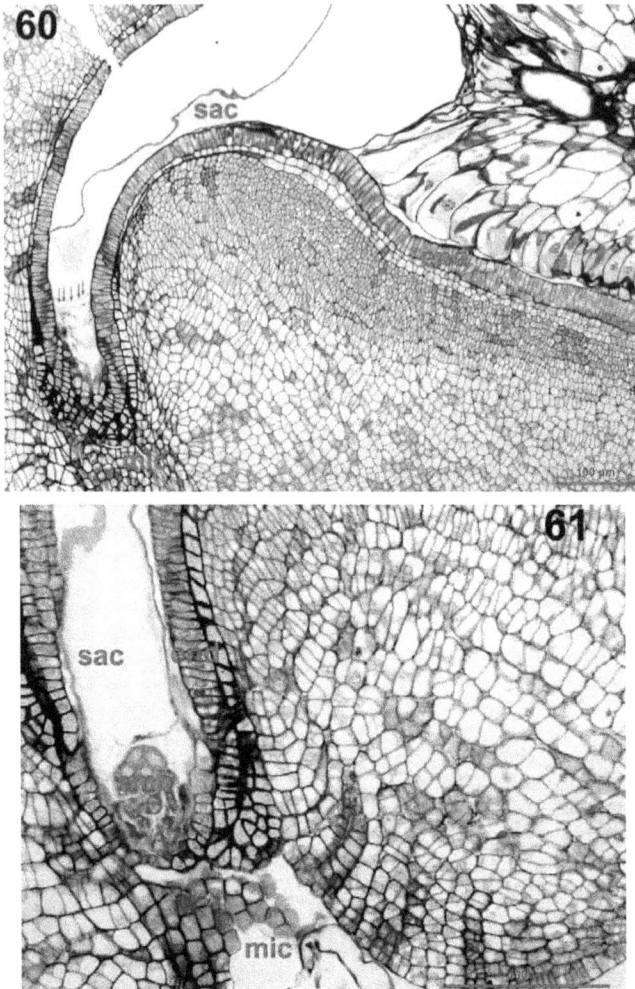

**Planche XXVII.** Coupes longitudinales dans des ovules de *P. coccineus* (NI16 (♀)) x *P. vulgaris* (X707), âgés de 4 JAP. Le côté micropylaire (mic) est indiqué au bas de l'image. **Photo 60:** Les cellules nucellaires (nuc) sont intactes. Les restes de l'embryon dépéri (↓) sont visibles dans le sac embryonnaire (sac) et l'endothélium (end) est épais. **Photo 61:** L'embryon (emb) est rabougri. Le suspenseur n'est pas bien différencié de l'embryon proprement dit. Les cellules d'albumen sont visibles le long des parois de l'endothélium (Photos: P. Nguema).

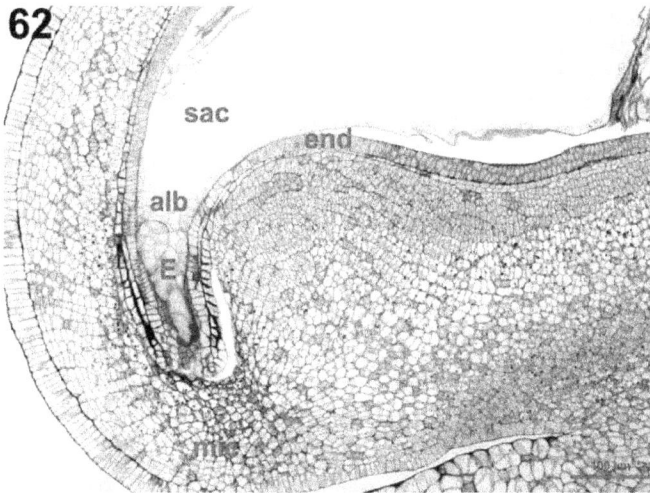

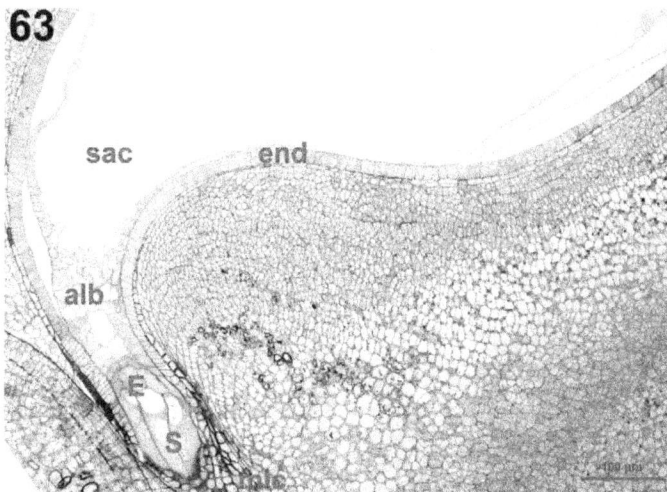

**Planche XXVIII.** Coupes longitudinales dans des ovules de *P. coccineus* (NI1108 (♀)) x *P. vulgaris* (NI637). Le côté micropylaire (mic) est indiqué au bas de l'image. **Photo 62:** L'embryon est âgé de 4 JAP. Il est malformé. Les cellules prolifèrent de façon anarchique au sommet de l'embryon proprement dit (emb). L'albumen (alb) est développé dans le sac embryonnaire (sac). **Photo 63:** L'embryon est âgé de 6 JAP. L'embryon proprement dit (emb) est peu développé contrairement à l'albumen (alb) et aux cellules suspensoriales (sus) (Photos: P. Nguema).

Le retard de développement de l'embryon peut aussi s'expliquer par la composition physico-chimique de l'albumen. Nous pensons comme Lopes & Larkins (1993) puis Costa *et al.* (2004), que la composition de l'albumen hybride limite l'expansion de l'embryon en réduisant la quantité d'eau et l'espace vital nécessaires à l'embryon. Cela entraîne fatalement le retard de son développement. C'est la raison pour laquelle, le développement de nombreux embryons hybrides s'arrête au stade globulaire.

En outre, la qualité et les quantités de nutriments devant être fournis à l'embryon peuvent être altérées au cours de leur synthèse par les tissus maternels. De même, la formation d'un tissu continu d'albumen le long de la paroi endothéliale peut ralentir le transfert des nutriments du tissu maternel à l'embryon. Le fait que cet albumen tapisse la paroi interne du tégument constitue un bouclier difficile à franchir par les nutriments.

### 4.2.3 Étranglement de la jonction entre le suspenseur et l'embryon proprement dit

Les embryons hybrides *P. coccineus* (♀) x *P. vulgaris* subissent une influence maternelle caractérisée par la forme et la taille du suspenseur. Les **Figures 38** & **39** montrent des embryons présentant des étranglements au niveau de la jonction entre le suspenseur et l'embryon proprement dit.

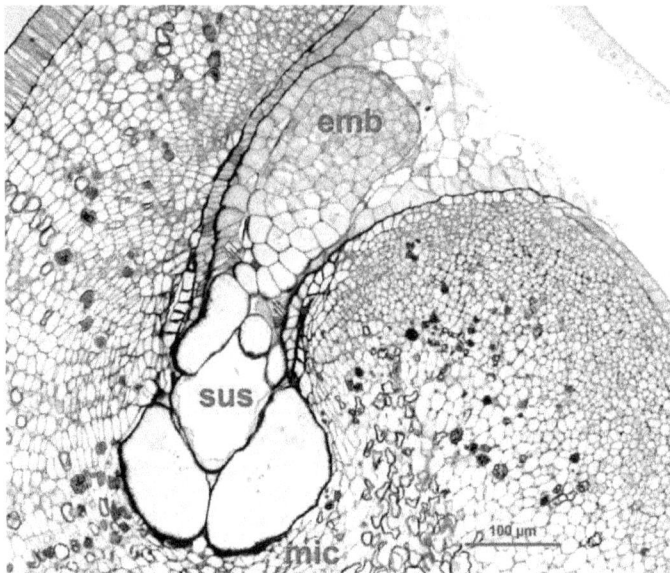

**Figure 38.** Coupe longitudinale dans un ovule de *P. coccineus* (♀) x *P. vulgaris* (NI1108 x NI637), montrant un embryon âgé de 8 JAP. Le côté micropylaire (mic) est indiqué au bas de l'image. La jonction (↓) entre la base du suspenseur (sus) et le reste de la structure embryonnaire (emb) est rétrécie (Photo: P. Nguema).

135

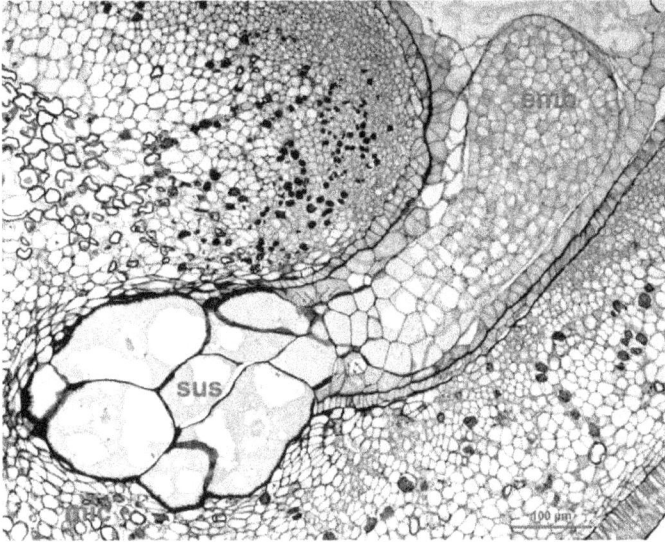

**Figure 39.** Coupe longitudinale dans un ovule de *P. coccineus* (♀) x *P. vulgaris* (NI1108 x NI637), montrant un embryon âgé de 9 JAP. Le micropyle (mic) est indiqué au bas de l'image. Le point reliant (↓) le suspenseur (sus) à l'embryon proprement dit (emb) est fait de cellules de petite taille. Cette partie est étranglée par rapport au reste de la structure embryonnaire (Photo: P. Nguema).

Ce rétrécissement de la jonction entre les deux principales parties de l'embryon hybride de *Phaseolus* est absent chez les génotypes parentaux (**Planches VII, VIII & X**) et il est moins marqué chez l'hybride réciproque *P. vulgaris* (♀) x *P. coccineus*. Cela suggère une difficulté de transit des nutriments entre le suspenseur et l'embryon proprement dit. En outre, lors de l'extraction des embryons hybrides *P. coccineus* (♀) x *P. vulgaris*, il est difficile de disposer d'un embryon complet avec son suspenseur. La scission entre les deux entités s'opère facilement à cet endroit. Cela limite les possibilités de sauvetage de ces embryons hybrides, quand on sait que le suspenseur joue, en plus de son rôle de support à l'embryon, un rôle de synthèse d'hormones de croissance et de transfert de nutriments pour l'embryon.

### 4.2.4 Hypertrophie du suspenseur

Les suspenseurs des embryons hybrides *P. coccineus* (♀) x *P. vulgaris* en voie d'avortement se caractérisent également par leur déformation plus importante par rapport aux embryons parentaux et hybrides réciproques. Cela est remarquable à partir de 4 JAP, selon la combinaison génotypique.

Les **Planches XXIX** et **XXX** illustrent les coupes histologiques des embryons présentant des cellules basales de suspenseur hypertrophiées chez les embryons hybrides *P. coccineus* (♀) x *P. vulgaris*.

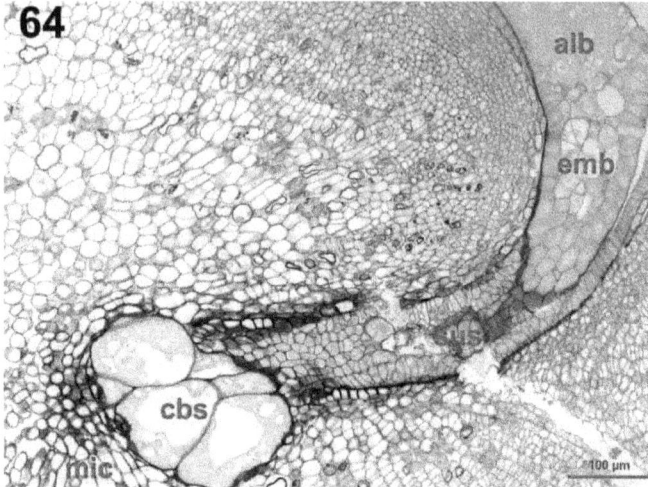

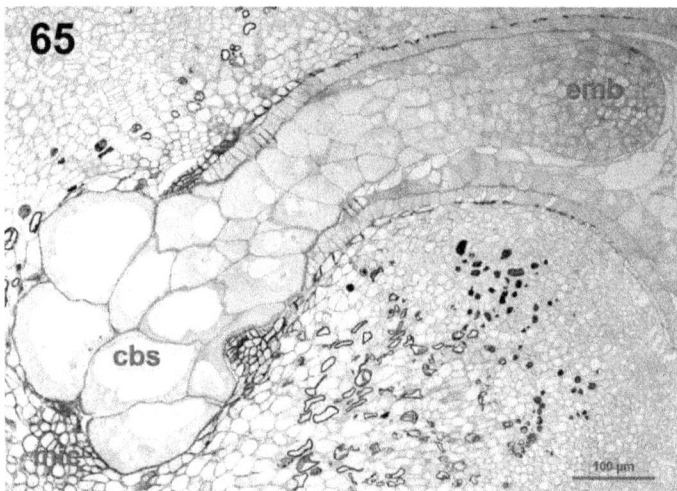

**Planche XXIX.** Coupes longitudinales dans des ovules de *P. coccineus* x *P. vulgaris*. Le côté micropylaire (mic) est indiqué au bas de chaque image. **Photo 64:** Embryon de NI16 (♀) x NI637 âgé de 8 JAP. Les cellules basales (cbs) du suspenseur (sus) sont grandes par rapport aux cellules de l'embryon proprement dit (emb), en contact avec l'albumen (alb). **Photo 65:** Embryon de NI16 (♀) x X707 âgé de 8 JAP. Des invaginations (↓) de l'énorme base du suspenseur sont visibles (Photos: P. Nguema).

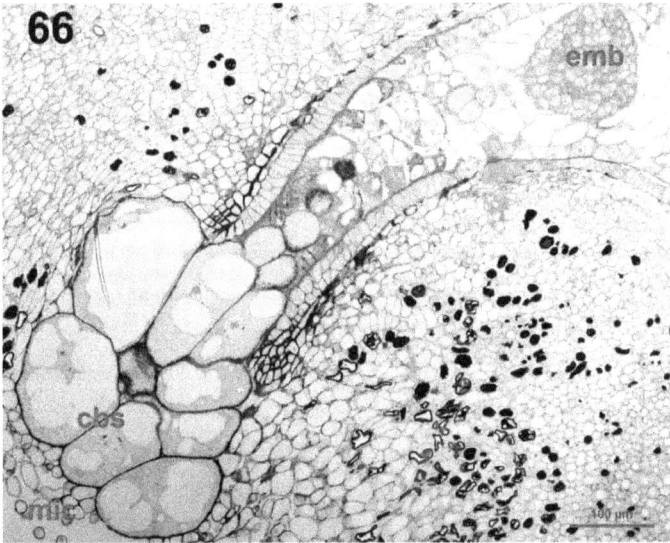

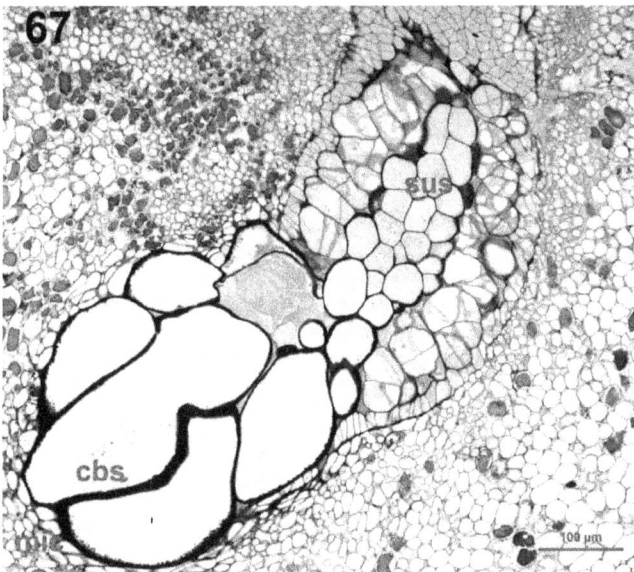

**Planche XXX.** Coupes longitudinales dans des ovules de *P. coccineus* x *P. vulgaris*. Le côté micropylaire (mic) est indiqué au bas de chaque image. **Photo 66:** Embryon de NI16 (♀) x X707 âgé de 9 JAP. Les cellules basales (cbs) du suspenseur sont énormes et il existe un étranglement (↓) dans sa jonction avec le reste du suspenseur. **Photo 67:** Embryon de NI1108 (♀) x NI637 âgé de 11 JAP. Les cellules basales du suspenseur (sus) sont hypertrophiées par rapport au reste des cellules constituant le suspenseur et l'embryon proprement dit (emb) (Photos: P. Nguema).

Le développement du suspenseur est difficile à contrôler en raison de sa variabilité de taille et de forme, selon les génotypes et espèces (**Tableaux 14 & 15; Planches VIII, X & XI**). Le nombre total de cellules qui le composent varie également entre génotypes et combinaisons génotypiques (**Tableaux 13 & 19**). Cependant, les cellules basales semblent invariables dans leur forme (**Figures 30 & 32**) et dimension (**Tableaux 13-15 & 19-21**) pour les embryons hybrides *P. coccineus* (♀) x *P. vulgaris* contrairement aux cellules de la partie supérieure du suspenseur. On remarque que chez ces embryons hybrides, les cellules basales du suspenseur deviennent rapidement volumineuses et elles restent en contact avec le tissu ovulaire dès le stade cordiforme de leur développement. Elles y assurent la synthèse et l'approvisionnement de l'embryon en éléments nutritifs. Il est cependant nécessaire d'identifier et mieux apprécier la nature des nutriments qui transitent par ce canal en dehors des hormones de croissance car les molécules de masse légère tel que les glucides n'ont pas la même facilité de transfert que les molécules lipidiques ou protidiques (Hsu, 1979; Yeung & Clutter, 1979; Yeung & Sussex, 1979; Picciarelli & Alpi, 1986; Piaggesi *et al.*, 1989; Perata *et al.*, 1990).

Selon Yeung & Meinke (1993), une bonne corrélation existe entre la demande nutritive et la morphologie du suspenseur. Les grands suspenseurs prévalent dans les graines avec une demande nutritive élevée et, un albumen limité dans les stades précoces de l'embryogenèse. Les cellules basales du suspenseur en contact direct avec les tissus maternels sont nettement plus imposantes chez *P. coccineus* que chez *P. vulgaris*. On retrouve cette caractéristique chez les embryons des hybrides *P. coccineus* (♀) x *P. vulgaris*. On imagine ainsi qu'une discordance dans le rythme d'absorption des éléments nutritifs par les embryons des espèces parentales, peut induire des troubles de la coordination des processus de sécrétion et de dégradation, pour la nutrition de l'embryon hybride.

#### 4.2.5 Défauts des cotylédons

Au stade cordiforme, une division s'opère spécifiquement dans la région apicale de l'embryon pour limiter les activités de prolifération à deux endroits opposés en vue d'initier les cotylédons. Puis, l'embryon croît au détriment de l'albumen. Progressivement, les réserves nutritives s'accumulent jusqu'à la maturation de la graine. Les cotylédons resteront turgescents tandis que l'embryon se rétrécit légèrement pendant la phase de dessiccation. Ils subissent avec les téguments, de multiples adaptations cellulaires pour l'achèvement de la formation de la graine.

Lors du développement des embryons hybrides *P. coccineus* (♀) x *P. vulgaris*, des anomalies relatives aux cotylédons sont rares en raison de la difficulté d'obtention d'embryons âgés. Ces anomalies concernent le manque de développement des cotylédons, la formation de plus de deux cotylédons ou la déformation des cotylédons.

L'absence d'accumulation de réserves dans les cotylédons mène au dépérissement chez de nombreux embryons hybrides.

## 4.3 Discussion

Lors des croisements au sein du genre *Phaseolus*, beaucoup d'embryons avortent bien avant le stade de maturité. À travers des études comparatives sur le développement embryonnaire lors des autofécondations et des hybridations, les causes et signes d'avortement des embryons hybrides peuvent être identifiés. Le développement histologique des embryons prédestinés à l'avortement ou avortés est identique chez tous les hybrides *P. coccineus* (♀) x *P. vulgaris*. On remarque que de nombreux ovules ne sont pas fécondés dans l'ovaire à la suite de la pollinisation. Dans le cas où la fécondation a eu lieu, la cellule œuf se gonfle et l'on voit un ou deux noyaux polaires au centre du sac embryonnaire initiant le développement de l'embryon. Par la suite, les divisions du proembryon se réduisent et l'albumen nucléaire dégénère rapidement, ou bien ce sont les divisions de l'albumen nucléaire qui s'arrêtent, entraînant ainsi le dépérissement du proembryon (**Planches XXV & XXVI**). La croissance du proembryon et du suspenseur s'arrête, et la dégénérescence de ces structures est entamée. De nombreux embryons cessent de se développer à ce stade initial de l'embryogenèse. D'autres poursuivent leur développement avec une augmentation du nombre de cellules. La formation de l'albumen cellulaire le long des parois endothéliales vers le centre du sac embryonnaire peut avoir lieu et favoriser le maintien en vie puis la croissance de l'embryon hybride. Ce dernier aura alors un nombre important de cellules. Pour des raisons génétiques ou physiologiques ayant des implications histologiques, un nombre limité d'embryons dépasse cette étape et beaucoup d'entre eux dégénèrent en même temps que l'albumen cellulaire.

Lorsque les symptômes d'avortement concernent le tissu maternel, ils s'étendent à l'embryon selon le degré atteint par le processus d'avortement (**Figure 36, Planche XXIV**). Ils concernent comme l'avait déjà remarqué Geerts (2001) le développement de l'albumen, la dégénérescence du nucelle et l'hypertrophie des éléments vasculaires de l'ovule. Des épaississements intracellulaires sont aussi observés sur l'endothélium et les assises tégumentaires, avec de nombreux grains d'amidon, comme on l'observe également chez *Arabidopsis thaliana* (Baud *et al.*, 2002). Ces auteurs affirment par des observations cytologiques que l'amidon est localisé à différents endroits, au niveau de l'embryon et du tissu maternel, notamment les téguments. Plus on approche la maturation de l'embryon, plus ce dépôt d'amidon de réserve devient important. Il se peut que l'amidon ait aussi un rôle spécifique à jouer au niveau même du tégument externe. Il participe au renforcement de la paroi des téguments grâce aux polymères produits et éléments mucilagineux de la partie protectrice de la graine. Il est en outre le point central de réserves et de fourniture d'amidon à d'autres composantes structurales de l'ovule et de l'embryon au cours de l'embryogenèse. C'est aussi le précurseur de la production des composés lipidiques de l'ovule, quoique la synthèse de certains de ces composés soit antérieure à l'accumulation de l'amidon.

Nous convenons avec Lecomte (1997) que l'implication des tissus maternels dans la nutrition et la croissance de l'embryon et de l'albumen est indubitable. Il apparaît que les structures tels que le nucelle, les assises tégumentaires et l'endothélium jouent un rôle important dans le transfert des nutriments à destination de l'embryon.

Chez l'embryon hybride, les symptômes d'avortement se caractérisent essentiellement par l'absence de fusion des deux noyaux polaires lors de la syngamie, le retard de la cellularisation de l'albumen, le long délai du développement de l'embryon, l'étranglement de la jonction entre le suspenseur et l'embryon proprement dit, l'hypertrophie du suspenseur et des défauts de développement des cotylédons.

De manière générale, chez les embryons hybrides en cours d'avortement, l'ovule contient un petit embryon globoïde entouré d'albumen nucléaire pendant les 3 à 4 premiers jours suivant la pollinisation. Au-delà de ce délai, l'albumen reste nucléaire et la cellularisation ne débute que tardivement. Cet embryon involutif a un suspenseur hypertrophié (**Figure 39**) dont le corps baigne dans l'albumen cellulaire. Par la suite la croissance de l'embryon peut s'accélérer et l'albumen pariétal se solidifie graduellement en même temps que l'embryon change progressivement de forme. Certaines ébauches de méristèmes racinaires et caulinaires, ainsi que les cotylédons peuvent d'ailleurs apparaître.

Il est possible d'identifier les embryons malformés et retardés à partir du $3^{ème}$ JAP (**Planches XXVI à XXVIII**). L'ovule dépérit complètement au bout de quelques jours dès l'apparition des premiers signes d'avortement. Le retard ou décalage du développement de l'albumen par rapport à l'embryon hybride s'observe dès les premiers stades de développement des embryons, soit vers 3 à 6 JAP. Lorsque ce développement démarre par un défaut de cellularisation de l'albumen, on conclut à un manque d'alimentation de l'embryon hybride à travers l'albumen (Lester & Kang, 1998; Olsen *et al.*, 1999; Bommert & Werr, 2001; Berger, 2003). Assez souvent, c'est la cause fondamentale d'avortement des embryons hybrides *P. coccineus* (♀) x *P. vulgaris* (Yeung & Meinke, 1993)

Selon Lecomte (1997) et Geerts (2001) qui ont étudié les croisements entre *P. vulgaris* et *P. polyanthus*, les avortements d'embryons hybrides au sein du genre *Phaseolus* sont essentiellement causés par l'arrêt précoce du développement de l'albumen. Le noyau de l'albumen libre dégénère tôt, ou bien la cellularisation de l'albumen échoue dans sa formation. Les avortements d'embryons hybrides peuvent donc être le résultat d'une discordance de développement entre l'embryon et l'albumen.

De manière générale, les divisions nucléaires de l'albumen commencent bien avant celles du zygote. L'albumen conserve ainsi une avance de développement par rapport à l'embryon hybride. L'écart de développement entre les deux produits de la double fécondation augmente au fil du temps et il en résulte une altération de l'embryon au détriment de l'albumen.

Une quantité importante d'amidon chez certaines combinaisons génotypiques est présente dans l'albumen en voie de décomposition, selon l'intensité de la coloration. Quand la dessiccation commence, des tensions internes font que les téguments s'effondrent vers l'intérieur du sac embryonnaire. Quelques temps après, la dégénérescence est complète, et seulement quelques tissus amorphes, noirs et rétrécis restent dans l'ovule. Lorsque la prolifération de l'endothélium est visible, cela signifie que le processus de dégénérescence est avancé. Ce délai est spécifique à chaque combinaison génotypique.

Une compétition nutritive entre l'albumen et l'embryon peut aussi être l'une des causes majeurs de l'avortement de l'embryon chez *Phaseolus*. Il se peut que l'albumen ait une plus grande aptitude à acquérir des nutriments à partir du tissu maternel, notamment des téguments et du nucelle (Crété *et al.*, 1966; Yeung & Clutter, 1978; Vinkenoog & Scott, 2001; Yeung *et al.*, 2001). Cela explique donc un manque d'approvisionnement suffisant de l'embryon par l'albumen nourricier (Yeung & Brown, 1982). Nous en concluons que le problème de transfert de nutriments entre l'albumen et l'embryon d'une part, et entre le suspenseur et l'embryon d'autre part, constitue la cause majeure de l'avortement des embryons hybrides chez *Phaseolus*. Ainsi, la privation de nutriments à l'embryon en faveur de l'albumen et/ou du suspenseur conduit fatalement l'embryon interspécifique à dépérir suivant des délais propres au sens du croisement et à la combinaison génotypique.

Les embryons hybrides pourraient être sauvés grâce à la culture *in vitro* lorsqu'on tient compte de l'ordre d'apparition des difficultés d'approvisionnement de l'embryon en nutriments. Dans cette optique, l'étude des flux des nutriments menée par Lecomte (1997) a permis de concevoir des milieux de culture pour le sauvetage d'embryons. Geerts (2001) a amélioré ces protocoles et régénéré des plantules à partir d'embryons immatures de *P. vulgaris* âgés de 2 jours, en passant par une culture préalable de gousses.

Nous pensons que l'avortement de l'embryon hybride est la traduction de la réaction propre de la plante vis-à-vis de l'embryogenèse. En effet, il se peut que la plante alloue les ressources alimentaires de façon sélective à l'albumen, puis au suspenseur et enfin à l'embryon hybride. Dans ce cas, les conséquences sont le développement accéléré de l'albumen suivi de l'hypertrophie du suspenseur au détriment de l'embryon proprement dit. Subséquemment, l'arrêt du développement de l'embryon intervient. La plante peut tout aussi réduire l'apport nutritif au départ des structures ovulaires, vers l'albumen et l'embryon. Le résultat de cette sous-alimentation conduit également à l'avortement de l'embryon hybride.

On peut, en outre, supposer l'émission de signaux hormonaux de la part des produits de la double fécondation (albumen et embryon) dès les premiers jours suivant la pollinisation. Ces signaux vont cibler les structures maternelles qui subissent, par la suite, une désorganisation progressive, conduisant à un déficit nutritif de l'embryon. Cette mauvaise alimentation se solde par l'avortement de l'embryon hybride.

Dès les stades précoces de l'embryogenèse, l'association des gènes parentaux peut positivement influencer l'activité physiologique de l'albumen, qui épuise les ressources nutritives disponibles plus rapidement par rapport à l'embryon. Pour cela, le développement de l'albumen peut aussi constituer un critère important qui nécessite des recherches supplémentaires.

**Chapitre 5.** MODÉLISATION DE LA CROISSANCE DES EMBRYONS AUTOFÉCONDÉS

La croissance de l'embryon se rapporte aux modifications quantitatives concernant notamment l'augmentation des dimensions s'opérant par la croissance cellulaire et également par la prolifération des cellules. À un moment donné, elle est le résultat d'un équilibre entre des processus de croissance endogènes et l'influence de facteurs environnementaux. L'analyse de cette croissance permet de révéler les caractéristiques intrinsèques du mode de développement du génotype, et par extension de l'espèce. Elle peut ainsi traduire la nature et la séquence d'activité des processus morphogénétiques de l'embryon. La longueur de l'embryon est un paramètre important du fait qu'il est souvent utilisé pour définir les stades morphologiques de développement et les activités physiologiques des embryons végétaux (Monnier, 1976).

Pour cela, la connaissance préalable du modèle de croissance des embryons autofécondés du genre *Phaseolus* constitue une étape importante à l'amélioration des protocoles de sauvetage des embryons hybrides.

### 5.1 Évolution de la longueur des embryons

Les **Figures 40** & **41** représentent l'évolution de la longueur des embryons autofécondés *P. coccineus* (NI16 et NI1108) et *P. vulgaris* (NI637 et X707) et leurs hybrides réciproques entre 3 et 14 JAP.

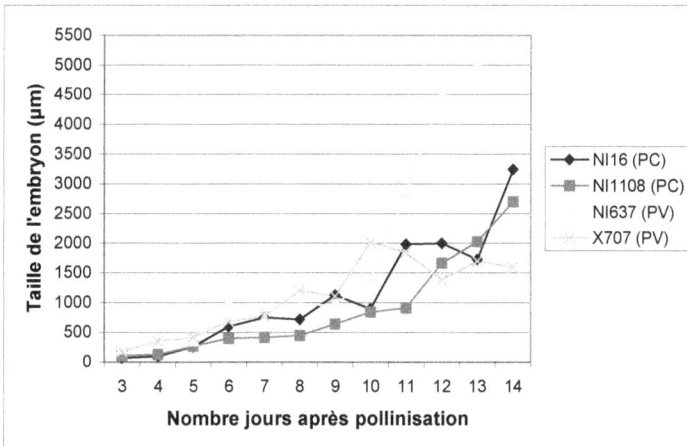

**Figure 40.** Évolution de la longueur moyenne des embryons autofécondés, entre 3 et 14 JAP.

144

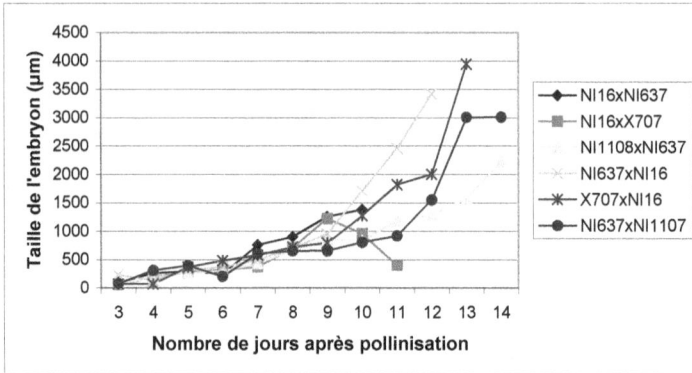

**Figure 41.** Évolution de la longueur moyenne des embryons hybrides réciproques *P. coccineus* x *P. vulgaris*, entre 3 et 14 JAP.

Chez les génotypes parentaux, la courbe de croissance de la longueur de l'embryon est positive. Par contre, lors des hybridations, on observe un ralentissement entre 4 et 5 JAP, notamment dans la combinaison génotypique NI16 x NI637. C'est un moment critique de l'embryogenèse et durant lequel le processus abortif de l'embryon hybride serait déclenché.

**5.2 Modélisation de la croissance en longueur des embryons de *P. vulgaris***

Les **Figures 42** & **43** illustrent l'évolution de la longueur des embryons autofécondés de *P. vulgaris* (NI637 et X707), ainsi que la modélisation de leur croissance en longueur entre 3 et 14 JAP.

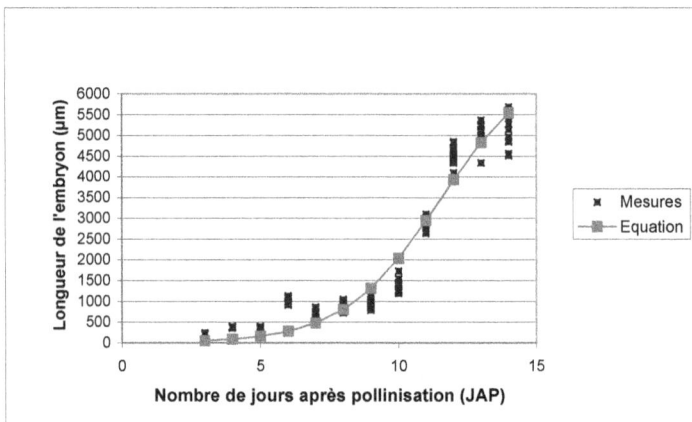

**Figure 42.** Courbes de croissance et de modélisation de la longueur moyenne des embryons chez le génotype NI637 de *P. vulgaris*, en fonction du nombre de jours après pollinisation.

145

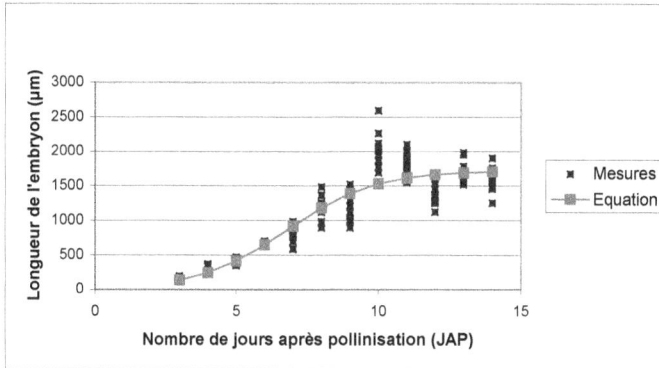

**Figure 43.** Courbes de croissance et de modélisation de la longueur moyenne des embryons chez le cultivar X707 de *P. vulgaris* en fonction du nombre de jours après pollinisation.

La croissance en longueur des embryons autofécondés de *P. vulgaris* est progressive. La courbe représentant cette évolution est de forme sigmoïde. Cette courbe caractéristique se compose de trois phases définies comme la phase d'adaptation (ou latence) au cours de laquelle l'embryon s'adapte à son nouvel environnement et les mécanismes se mettent en place pour sa croissance. En moyenne, les embryons autofécondés de *P. vulgaris* ont atteint le stade de développement cordiforme jeune. Les divisions cellulaires se poursuivent et l'initiation cotylédonaire a commencé. Cette phase se termine au bout de 2 à 3 jours en moyenne pour faire place à la seconde phase qui est caractérisée par une croissance exponentielle de la taille de l'embryon. C'est le moment au cours duquel l'embryon est en pleine possession de ses aptitudes pour la croissance. Il y a une synergie des activités spécifiques à la structure ovulaire et à l'embryon pour une pleine croissance de ce dernier. L'activité physiologique se rapporte à la formation des cotylédons, au début de l'accumulation des produits lipidiques et au stockage des éléments organiques. La phase stationnaire débute vers 12 JAP chez le génotype X707 et plus tard chez le génotype NI637. Elle correspond à la capacité de conservation de l'embryon dans son environnement sans recourir à un apport intensif de nutriments. Elle est précurseur de la maturation, de la dessiccation et de la dormance de l'embryon, avant la germination.

**5.3 Modélisation de la croissance en longueur des embryons de *P. coccineus***

Les **Figures 44** & **45** présentent les courbes de croissance modélisées correspondant à l'évolution en longueur des embryons autofécondés de *P. coccineus* (NI16 et NI1108) entre 3 et 14 JAP.

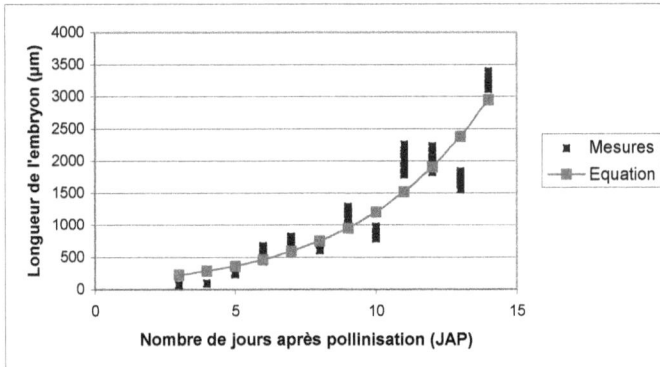

**Figure 44.** Courbes de croissance et de modélisation de la longueur moyenne des embryons chez le cultivar NI16 de *P. coccineus*, en fonction du nombre de jours après pollinisation.

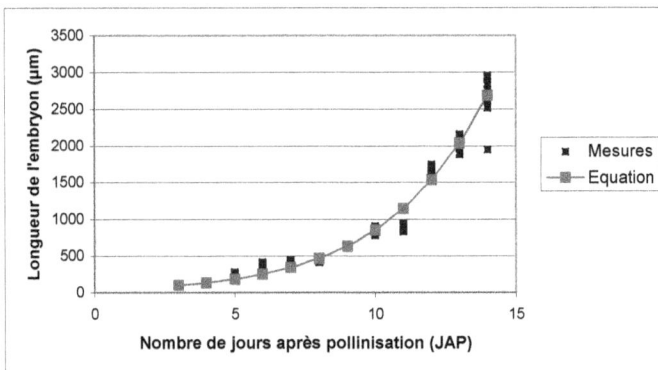

**Figure 45.** Courbes de croissance et de modélisation de la longueur moyenne des embryons chez le génotype sauvage NI1108 de *P. coccineus*, en fonction du nombre de jours après pollinisation.

Ces courbes de croissance en longueur des embryons autofécondés des génotypes NI16 et NI1108 de *P. coccineus* sont aussi de forme sigmoïde. Cependant en raison du délai court durant lequel les observations ont été faites, il n'est pas possible de voir la représentation graphique de la dernière phase de cette évolution (phase stationnaire). Car la phase de

147

maturation et de dessiccation survient chez les embryons de *P. coccineus* au-delà de 14 JAP, contrairement aux embryons de *P. vulgaris*, où ce délai est limité à 12 JAP, en moyenne.

### 5.4 Modélisation de la croissance en longueur des embryons hybrides

Les **Figures 46** à **48** présentent les courbes de croissance modélisées correspondant à l'évolution en longueur des embryons hybrides *P. vulgaris* (♀) x *P. coccineus* entre 3 et 14 JAP.

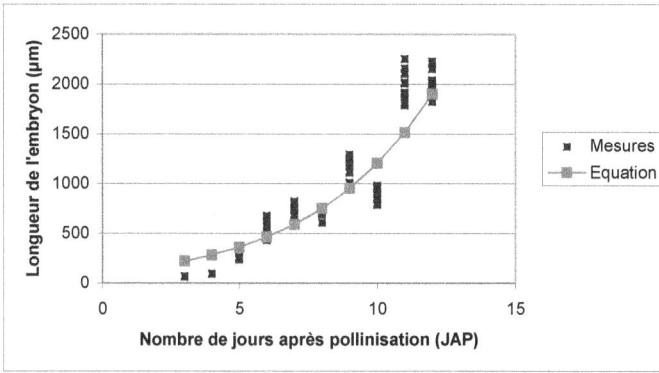

**Figure 46:** Courbes de croissance et de modélisation de la longueur moyenne des embryons hybrides NI637 (♀) x NI16, en fonction du nombre de jours après pollinisation.

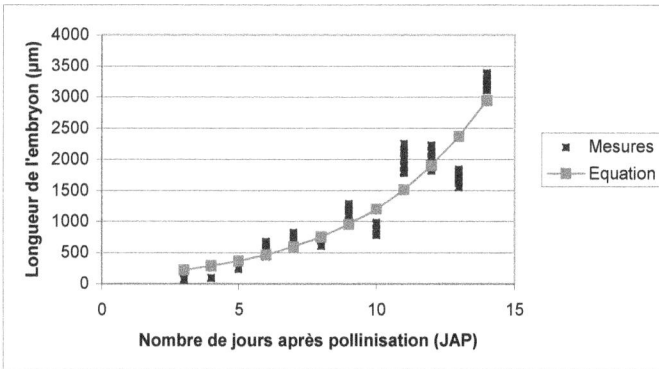

**Figure 47:** Courbes de croissance et de modélisation de la longueur moyenne des embryons hybrides NI637 (♀) x NI1108, en fonction du nombre de jours après pollinisation.

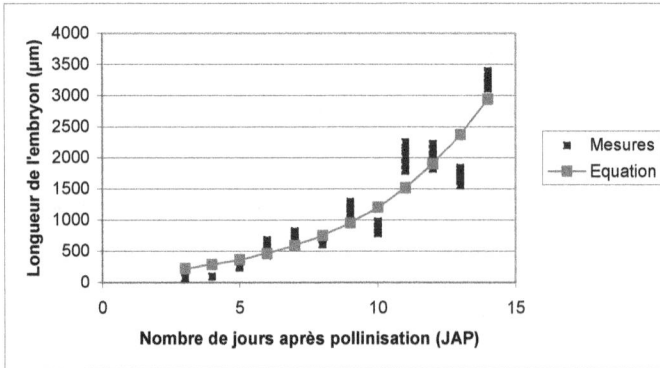

**Figure 48:** Courbes de croissance et de modélisation de la longueur moyenne des embryons hybrides X707 (♀) x NI16, en fonction du nombre de jours après pollinisation.

Les principales variables (a, b et M) des courbes de croissance en longueur des embryons issus des autofécondations et des croisements entre *P. vulgaris* et *P. coccineus* ont été obtenues en suivant le modèle mathématique de Nelder (1961 et 1962), d'expression mathématique $y = M/\{1+n.exp[-(x-a)/b]\}^{1/n}$, pour n = 1. Le calcul a été fait à l'aide du Solveur (Excel XP pro) et en suivant la loi des moindres carrés entre les valeurs expérimentales et les valeurs calculées. Les variables sont récapitulées dans le **Tableau 25**.

**Tableau 25.** Valeurs calculées des paramètres a, b et M à partir des courbes de croissance des embryons autofécondés (*P. vulgaris* et *P. coccineus*) et hybrides (*P. vulgaris* (♀) x *P. coccineus*).

| Espèces et croisements | Génotypes et combinaisons génotypiques | Paramètres | | | |
|---|---|---|---|---|---|
| | | M (µm) | a (JAP) | b (JAP) | $m_v$ (µm/JAP) |
| *P. vulgaris* | NI637 | 6826 | 11,5 | 1,7 | 669,2 |
| | X707 | 1721 | 6,8 | 1,5 | 191,2 |
| *P. coccineus* | NI16 | 20121 | 21,1 | 4,0 | 838,4 |
| | NI1108 | 22419 | 20,5 | 3,2 | 1167,7 |
| *P. vulgaris* (♀) x *P. coccineus* | NI637 x NI16 | 21263 | 15,9 | 2,4 | 1476,6 |
| | NI637 x NI1108 | 20048 | 27,4 | 3,3 | 1012,5 |
| | X707 x NI16 | 5601 | 12,6 | 2,3 | 405,9 |

M = valeur maximale vers laquelle tend la longueur finale de l'embryon; a = point d'inflexion de la courbe (point de croissance en longueur maximale en JAP); b = l'étalement du phénomène de croissance exponentielle sur l'axe des abscisses en JAP (associé à la vitesse de croissance); $m_v$ = vitesse moyenne de croissance de l'embryon.

Les valeurs de la variable M sont plus élevées pour les génotypes de *P. coccineus*. Cela est conforme au phénotype (taille et longueur) des graines de ces génotypes. Au regard du paramètre "a", l'embryon requiert plus de temps chez l'espèce *P. coccineus* pour atteindre le taux de croissance maximum. Enfin, le phénomène de croissance s'étale sur moins de deux jours chez les génotypes de *P. vulgaris*, respectivement 3 et 4 jours chez NI1108 et NI16 de *P. coccineus*. Chez les hybrides *P. vulgaris* (♀) x *P. coccineus*, le paramètre "a" montre des valeurs intermédiaires à celles des espèces parentales.

La comparaison des paramètres a, b et M chez les hybrides *P. vulgaris* (♀) x *P. coccineus* révèle que les croissances en longueur des embryons hybrides diffèrent l'une de l'autre par l'importance de la variable M (longueur finale vers laquelle tend l'embryon) et par le paramètre (a) qui exprime le jour où la croissance est la plus importante. Par contre, le nombre de jours durant lequel la croissance maximale s'étale (b) est voisin entre les trois combinaisons génotypiques. Il s'étale entre 2 et 3 JAP.

## 5.5 Discussion

Nous avons développé un modèle de croissance en longueur des embryons caractérisant la divergence des vitesses de croissance et donc de développement des embryons entre les deux espèces (*P. coccineus* et *P. vulgaris*), d'une part, et entre les embryons parentaux et hybrides (*P. vulgaris* (♀) x *P. coccineus*), d'autre part. Ce modèle établit une loi d'évolution commune pour ces différents types d'embryons et il décrit les interactions entre la longueur de l'embryon, le nombre de jours après pollinisation et le stade de développement de l'embryon.

Il peut rendre compte, dans le cas des échecs de développement embryonnaire, des écarts observés entre la croissance modélisée et la croissance réellement mesurée.

La croissance en longueur des embryons hybrides *P. coccineus* (♀) x *P. vulgaris* n'obéit pas à la loi proposée par ce modèle. Cela est lié à l'hétérogénéité des valeurs moyennes mesurées, traduisant des anomalies de développement de ces embryons hybrides. Ce qui appuie l'hypothèse d'une incompatibilité post-zygotique prononcée dans les croisements *P. coccineus* (♀) *P. vulgaris*.

La modélisation de la croissance en longueur des embryons complète la méthode de détermination du stade de développement des embryons par le nombre de jours après pollinisation. Son usage peut guider pour le sauvetage d'embryons hybrides *via* la culture *in vitro* car elle détermine les moments caractéristiques d'accélération et de ralentissement de la croissance de l'embryon. C'est un indice important de la définition du type de nutriments requis par l'embryon, étant donné que l'on connaît l'activité physiologique spécifique de l'embryon à un moment précis (**Figure 21**). Elle peut ainsi être un outil intéressant pour anticiper le sauvetage des embryons hybrides lors des croisements interspécifiques au sein du genre *Phaseolus*.

Le temps exact nécessaire à l'embryon pour atteindre un stade critique de développement est difficile à déterminer. Les résultats obtenus à l'aide du modèle de croissance des courbes développé par Nelder (1961 & 1962) ont permis d'estimer le délai requis par l'embryon pour atteindre une phase de croissance importante et le nombre de jours concerné par cette croissance. Les résultats indiquent clairement qu'aucun embryon n'atteint sa vitesse de développement maximale avant 6 JAP. En outre, la durée de la phase exponentielle de croissance en longueur de l'embryon n'excède pas 4 jours.

Les changements de la taille du suspenseur, de l'embryon et des cotylédons peuvent également être modélisés et constituer des paramètres complémentaires pour l'estimation de la période critique du développement embryonnaire chez les espèces *P. coccineus* et *P. vulgaris*, et par extension chez les hybrides *P. coccineus* x *P. vulgaris*.

La principale raison de la difficulté de modélisation de la croissance en longueur des embryons hybrides *P. coccineus* (♀) x *P. vulgaris* est la grande variabilité des mesures se rapportant aux embryons issus de ce croisement. La modélisation ne doit cependant pas paraître simplificatrice et priver la représentation de la dynamique de l'embryogenèse et de la synergie des paramètres génétiques, physiologiques et hormonaux qui la contrôlent.

De ce fait, il faut donc accorder à l'individualisation de la modélisation de la croissance en longueur des embryons autofécondés et hybrides, une marge de fluctuations aux réponses individuelles et extrinsèques à la plante, pouvant mieux traduire le développement embryonnaire.

# CONCLUSIONS ET PERSPECTIVES

La partie bibliographique rappelle que les plantes hybrides sont faciles à obtenir lorsque *P. vulgaris* est pollinisé par *P. coccineus*. Dans le croisement réciproque, les avortements d'embryons sont très fréquents aux stades globulaire et cordiforme. Nous présentons également l'état actuel des connaissances sur l'embryogenèse chez les angiospermes tout en explicitant les barrières d'incompatibilités connues. Enfin, un exposé est fait sur la modélisation mathématique des phénomènes biologiques.

Suite aux autopollinisations chez les génotypes de *P. coccineus* et *P. vulgaris*, et aux croisements réciproques entre les deux espèces, des observations histologiques ont été faites lors du développement des embryons autofécondés et hybrides résultant. L'identification des causes histologiques d'avortement des embryons hybrides *P. coccineus* (♀) x *P. vulgaris* a été effectuée. La période de grandes fréquences des avortements a été située. Les données histologiques obtenues ont aussi permis la conception d'un modèle de croissance en longueur des embryons autofécondés de *P. coccineus* et *P. vulgaris*, et des embryons hybrides *P. vulgaris* (♀) x *P. coccineus*.

Le suivi des pollinisations croisées révèle une fréquence élevée d'avortements d'embryons hybrides, dans les deux sens, entre 5 et 6 JAP. Ce délai concorde avec celui observé par Lecomte (1998) et qui était de 4 à 8 JAP. Les plantes hybrides obtenues dans le croisement *P. vulgaris* (♀) x *P. coccineus* présentent des caractères morphologiques différents de ceux des génotypes parentaux pour la couleur des fleurs, le port de la plante, la forme et la taille des bractées. Dans le croisement réciproque *P. coccineus* (♀) x *P. vulgaris*, la germination des graines hybrides à la $F_1$ est semi-épigée. Ce type de germination est intermédiaire à ceux des génotypes parentaux. Il est clair qu'à partir de cette étude, l'avortement des embryons chez les hybrides n'est pas dû à l'absence de fécondation. Dans les différents cas d'avortement observés, l'embryon évolue, en général, jusqu'au stade globulaire. Au-delà de ce stade, le développement de l'embryon est retardé ou arrêté. Il apparaît donc que les incompatibilités au sein du genre *Phaseolus* sont essentiellement post-zygotiques.

Les observations histologiques révèlent que la première division du zygote est asymétrique. La cellule apicale va évoluer en embryon proprement dit. La division axiale du suspenseur donne une cellule à la base et une seconde cellule dont les divisions futures vont ériger le corps du suspenseur. Les cellules les plus récentes à la suite des divisions cellulaires de l'embryon sont localisées du côté micropylaire de l'embryon proprement dit. Les proportions importantes du suspenseur par rapport à l'embryon proprement dit influencent négativement le développement de l'embryon hybride *P. coccineus* (♀) x *P. vulgaris*, et surtout jusqu'au terme du stade cordiforme de l'embryon proprement dit.

Le nombre de cellules du suspenseur dépasse 10, au-delà de 4 JAP, chez les embryons hybrides. Ce nombre ne traduit pas nécessairement le stade de développement de l'embryon ni l'importance de la taille du suspenseur. Cependant le volume du suspenseur en dépend. Le suspenseur de NI16 (génotype de *P. coccineus*) est bien plus grand que celui des génotypes de *P. vulgaris* et des hybrides observés. Le suspenseur est fort sollicité et joue un rôle actif, à la suite des premières divisions du proembryon, au regard de l'aspect pris par ses cellules basales. L'épaisseur et les invaginations observées à la base du suspenseur de NI16 traduisent des besoins élevés pour l'alimentation de l'embryon chez *P. coccineus*. Cette région du suspenseur participe fortement aux échanges et au transit des nutriments entre le tissu ovulaire et l'embryon (Lecomte, 1997; Yeung & Clutter, 1979). La morphologie de la base du suspenseur contribue à augmenter l'interface d'échange et de transit des nutriments entre l'embryon et le tissu maternel (l'ovule). Le suspenseur est un important site de métabolisme et de consommation de réserves nutritives, absent chez l'embryon proprement dit (Yeung, 1980; Yeung & Meinke, 1993; Yeung *et al.*, 2001). Pour la première fois, l'étude de l'embryogenèse précoce lors des croisements chez *Phaseolus* a été faite à partir de mesures précises de croissance des embryons. Elle a permis de mettre en lumière l'influence négative de la taille du suspenseur de l'embryon hybride dans la dynamique de l'embryogenèse.

Les embryons autofécondés se développent régulièrement. Ceux de *P. coccineus* ont un développement lent par rapport aux embryons de *P. vulgaris*. La vitesse de développement diffère également entre les embryons autofécondés et les embryons hybrides, quel que soit le sens du croisement. Cette différence est observée dès 4 jours après la pollinisation. Chez les embryons hybrides *P. coccineus* (♀) x *P. vulgaris*, le suspenseur s'hypertrophie au détriment de l'embryon proprement dit. Ces embryons, de petite taille, présentent une croissance retardée par rapport aux embryons autofécondés et aux hybrides *P. vulgaris* (♀) x *P. coccineus*.

Le décalage qui existe dans la vitesse de développement de ces deux types d'embryons est fonction de la combinaison génotypique. Cela entraîne la difficulté d'utiliser la mesure traditionnelle du nombre de jours après pollinisation pour situer le stade de développement de l'embryon.

Nous avons observé un lien étroit entre de nombreux cas d'avortements d'embryons et le retard de développement de l'albumen, au-delà de 5 JAP. Les divisions de l'albumen se réduisent après 6 JAP et la majorité des avortements ont lieu à cet âge. C'est en fait le résultat d'une mauvaise coordination du développement simultané de l'embryon, de l'albumen et du reste du tissu maternel, conformément aux observations de Tuyl *et al.* (1990), Zenkteler (1991) et Geerts (2001).

Au nombre d'anomalies répertoriées par Geerts (2001) dans les croisements *P. polyanthus* x *P. vulgaris*, nous complétons la liste, lors des croisements entre *P. coccineus* et *P. vulgaris* par des symptômes se rapportant d'une part, à la dégénérescence des structures ovulaires (retard de résorption du nucelle, épaississement de l'endothélium, absence de cellules de transfert au voisinage de l'embryon, etc.) et, d'autre part, aux signes sous-jacents de l'avortement présentés par les structures hybrides diploïde et triploïde (retard dans la division de l'albumen et du développement de l'embryon, étranglement de la jonction entre le suspenseur et l'embryon proprement dit, hypertrophie du suspenseur et défauts cotylédonaires). La dégradation (ou prolifération) de l'endothélium chez les embryons hybrides est liée au degré atteint par le processus d'avortement de l'embryon concerné.

En conclusion, lors de l'embryogenèse précoce, les interactions entre le suspenseur, l'embryon proprement dit, l'albumen et le parent maternel interviennent dans la détermination de la croissance de l'embryon. Le mauvais fonctionnement de l'une de ces composantes est compromettant pour l'achèvement du processus embryogénique. De ce fait, nous affirmons avec Sage & Webster (1990) puis Lecomte *et al.* (1998) que les barrières d'incompatibilité chez *Phaseolus* sont post-zygotiques et se traduisent par l'avortement des embryons pour des raisons essentiellement nutritionnelles, dues au développement incohérent des différents acteurs post-zygotiques.

Les faibles barrières d'incompatibilité pré-zygotiques au sein du genre *Phaseolus*, suggèrent un intérêt particulier pour l'étude de la cinétique de la pollinisation lors des croisements interspécifiques. Cela permettra de déterminer le temps requis par le noyau génératif pour se diviser dans le tube pollinique durant son parcours. Il est possible de le faire grâce aux techniques de microscopie à fluorescence et aux techniques d'éclaircissage des tissus (Herr, 1971, 1992 & 1995). Au-delà du micropyle, on identifiera aussi la séquence de fusion des noyaux polaires, d'une part, et du noyau génératif avec l'oosphère, d'autre part, dans l'optique de mieux apprécier le décalage existant entre le développement de l'albumen et celui de l'embryon lors des croisements entre *P. coccineus* (♀) et *P. vulgaris*.

La période idéale de sauvetage des embryons par les techniques de culture *in vitro* devra autant que faire se peut, se rapprocher du moment où les fréquences d'avortements d'embryons sont élevées lors des croisements *P. coccineus* (♀) x *P. vulgaris*, c'est-à-dire entre 4 et 5 JAP. Cet âge correspond en général au stade globulaire tardif du développement de l'embryon hybride. Le sauvetage des embryons est souhaitable avant l'apparition manifeste des signes d'avortements des embryons.

La réussite des hybridations entre *P. coccineus* et *P. vulgaris* dépend des formes biologiques utilisées. En raison de l'influence génétique de l'incompatibilité post-zygotique au sein du genre *Phaseolus*, il convient d'identifier les allèles responsables de cette incompatibilité et de les localiser sur le ou les chromosomes qui en sont porteurs. Cela permettrait du point de vue génomique de mieux expliquer les mécanismes impliqués dans l'avortement précoce d'embryons lors des hybridations *P. coccineus* (♀) x *P. vulgaris*. Les techniques d'hybridation *in situ* pourront à ce titre s'avérer utiles pour contourner les barrières d'incompatibilité chez *Phaseolus*. Un essai de fusion de protoplastes entre les génotypes NI1108 (*P. coccineus*) et NI637 (*P. vulgaris*) est aussi envisageable en vue de suivre le développement des taux d'hétérocaryons entre ces génotypes qui présentent des similitudes de croissance.

Les phénomènes de mort cellulaire programmée sont aussi une voie intéressante à explorer pour la connaissance de l'ordre de dépérissement des tissus. Leur étude serait d'un grand apport pour identifier les cellules qui sont sujettes à l'apoptose dès les premiers stades du développement embryonnaire (Giuliani *et al.*, 2002). Les cellules apoptotiques peuvent être reconnues par des changements morphologiques, matérialisés par l'une ou l'autre manifestation suivante: perte des structures de la surface cellulaire, rabougrissement des cellules avec modification de forme, condensation du cytoplasme et du noyau, changements de l'enveloppe nucléaire, fragmentation du noyau et formation de corps apoptotiques. La détection de ces phénomènes à différents stades d'observation des coupes histologiques peut se faire à l'aide de la méthode TUNEL (Solomon *et al.*, 1999; Giuliani *et al.*, 2002; Wan *et al.*, 2002).

Le suspenseur et l'albumen peuvent jouer un rôle synergique et complémentaire dans la régulation des nutriments au cours de l'embryogenèse précoce chez *Phaseolus*. Les interactions doivent être mieux appréciées entre ces deux structures embryonnaires pour l'alimentation des embryons hybrides. Une évaluation dans ce sens est possible grâce aux mesures spécifiques de la balance hormonale (Brady & Combs, 1998; Toussaint *et al.*, 2002), à l'évaluation de l'activité enzymatique (Uwer *et al.*, 1998) et à une meilleure connaissance du flux de nutriments lors du développement de l'embryon.

Une étude approfondie du développement de l'albumen devrait être menée lors des croisements *P. coccineus* x *P. vulgaris*. La connaissance des mécanismes de passage de l'albumen coenocytique, à l'albumen nucléaire puis cellulaire est une approche nécessaire pour la compréhension de l'évolution de cette structure triploïde. Son développement pourrait ainsi être comparé à celui de la structure diploïde (le zygote) en vue de déterminer leur écart de développement. Par ailleurs, Les interactions existantes entre l'embryon et l'albumen au cours de l'embryogenèse chez les hybrides interspécifiques au sein du genre *Phaseolus* doivent être évaluées, car le développement de l'albumen conditionne celui de l'embryon. À cette fin, il serait opportun d'entreprendre des observations histologiques supplémentaires sur le développement parallèle de l'albumen et de l'embryon chez les génotypes considérés dans cette étude et les hybrides réciproques. Cela va contribuer à ouvrir une voie de prospection permettant de clarifier les particularités histologiques de l'alimentation des embryons hybrides chez *Phaseolus*.

Une évaluation de la métabolisation des réserves lipidiques et de l'amidon au départ des tissus maternels est nécessaire pour éclairer sur le retard de développement de l'albumen dans certains cas. Ce retard entrave sans doute, davantage, l'évolution de l'embryon hybride. On pourra ainsi déterminer l'ordre de développement des produits diploïdes et triploïdes de la double fécondation dans les ovules hybrides *P. coccineus* (♀) x *P. vulgaris*.

Les résultats obtenus dans le cadre de ce travail nécessitent des travaux supplémentaires marqués par l'augmentation du nombre de croisements entre les génotypes de *P. coccineus* et ceux de *P. vulgaris*. Dans ce cas, les chances d'obtention d'hybrides réciproques seront accrues et une meilleure appréciation de l'aptitude des génotypes à se prêter à l'hybridation sera connue.

Il serait utile de faire des coupes histologiques transversales des ovules contenant des embryons autofécondés de *P. coccineus* et *P. vulgaris* et des embryons hybrides de ces deux espèces pour permettre l'observation d'autres détails histologiques pouvant contribuer à une meilleure compréhension des incompatibilités post-zygotiques au sein du genre *Phaseolus*. L'organisation de structures telles que les cellules de transfert sera mieux appréciée sur des coupes transversales d'ovules plutôt que sur un axe longitudinal.

La modélisation de l'évolution des structures ovulaires (nucelle, endothélium) et embryonnaires (suspenseur, albumen) parentaux et hybrides pourrait apporter des explications au sujet de la différenciation des embryons d'un stade de développement à un autre. De ce fait, l'utilisation du modèle de Nelder est indiquée pour montrer une adéquation globale entre les données simulées et celles mesurées sur un échantillon autre que celui ayant servi à la modélisation dans ce travail.

# RÉFÉRENCES BIBLIOGRAPHIQUES

**Al-Ahmad H., Galili S. & Gressel J. (2006).** Infertile interspecific hybrids between transgenically mitigated *Nicotiana tabacum* and *Nicotiana sylvestris* did not backcross to *N. sylvestris*. Plant Science **170** : 953-961.

**Al-Yasiri S. A. & Coyne D. P. (1966).** Interspecific hybridization in the genus *Phaseolus*. Crop Science **6** : 59-60.

**Alpi A., Tognoni F. & D'Amato F. (1975).** Growth regulator levels in embryo and suspensor of *Phaseolus coccineus* at two stages of development. Planta **127** : 153-162.

**Alvarez M. N., Ascher P. D. & Davis W. (1981).** Interspecific hybridization in *Euphaseolus* through embryo rescue. HortScience **16** (4) : 541-543.

**Anderson G. J. & Hill J. D. (2002).** Many to flower, few to fruit: the reproductive biology of *Hamamelis virginiana* (*Hamamelidaceae*). Am. J. of Bot. **89** (1) : 67-78.

**Angeles B. (1986).** Etude de l'utilisation du cytoplasme d'une forme sauvage de *P. coccineus* L. en vue de l'hybridation interspécifique des cultivars de cette espèce avec *P. vulgaris*. Faculté universitaire des Sciences agronomiques de Gembloux (Belgique). Thèse de Doctorat. 185 p.

**Antoine A. F., Faure J.-E., Cordeiro S., Dumas C., Rougier M. & Feijo J. A. (2000).** A calcium influx is triggered and propagates in the zygote as a wavefront during *in vitro* fertilization of flowering plants. PNAS **97** : 10643-10648.

**Aronne G. (1999).** Effects of relative humidity and temperature stress on pollen viability of *Cistus incanus* and *Myrtus communis*. Grana **38** : 364-367.

**Bajaj Y. P. S., Mahajan S. K. & Labana K. S. (1986).** Interspecific hybridization of *Brassica napus* and *B. Juncea* through ovary, ovule and embryo culture. Euphytica **35** : 103-109.

**Bannerot H. (1979).** Cold tolerance in beans. Annu. Rpt. Bean Improv. Coop. **22** : 81-84.

**Bannerot H. (1983).** Creation of allogamous *vulgaris* x *coccineus* populations in order to breed new types of beans. Eucarpia Meeting on *Phaseolus* Bean Breeding, Hamburg (Allemagne).

**Barone A., Del Giudice A. & Ng A. (1992).** Barriers to interspecific hybridization between *Vigna unguiculata* and *Vigna vexillata*. Sex. Plant Reprod. **5** : 195-200.

**Baud S., Boutin J. P., Miquel M., Lepiniec L. & Rochat C. (2002).** An integrated overview of seed development in *Arabidopsis thaliana* ecotype WS. Plant Physiol. Biochem. **40** : 151-160.

**Baudet J. C. (1977).** Origine et classification des espèces cultivées du genre *Phaseolus*. Bulletin de la Société Royale de Botanique de Belgique **110** : 65-76.

**Baudet J. C. & Maréchal R. (1976).** Signification taxonomique de la présence de poils uncinulés chez certains genres de *Phaseoleae* et d'*Hedysareae* (*Papilionaceae*). Bull. Jard. Bot. Nat. Belg. **46** : 419-426.

**Baudoin J. P. (1981).** Observations sur quelques hybrides interspécifiques avec *Phaseolus lunatus* L. Bull. Rech. Agron. Gembloux (Belgique) **16** (4) : 273-286.

**Baudoin J. P. (1992).** L'amélioration génétique des légumineuses alimentaires sous les tropiques. Athena **81** : 1-6.

**Baudoin J. P. (1994).** La chaire Sud-Nord. Bull. Recher. Agron. Gembloux **29** (4) : 395-398.

**Baudoin J. P. (2001).** Contribution des ressources phytogénétiques à la sélection variétale de légumineuses alimentaires tropicales. BASE **5** (4) : 221-230.

**Baudoin J.P., Camarena F. & Lobo M. (1995).** Amélioration de quatre espèces de légumineuses alimentaires tropicales *Phaseolus vulgaris*, *P. coccineus*, *P. polyanthus* et *P. lunatus*. Sélection intra et interspécifique. Aupelf Uref 31-49.

**Baudoin J. P., Camarena F., Lobo M. & Mergeai G. (2001).** Breeding *Phaseolus* for intercrop combinations in Andean highlands. *In*: Broadening the genetic bases of crop. Ed. by H.D. Cooper, C. Spillane, T. Hodgkin. CAB International : 373-384.

**Baudoin J. P., Camarena M. F. & Schmit V. (1992).** Contribution à une meilleure connaissance de la position phylétique de la légumineuse alimentaire *Phaseolus polyanthus* Greenm. Bull. Rech. Agron. Gembloux **27** (2) : 167-199.

**Baudoin J. P., Fofana B., Du Jardin P. & Vekemans X. (1998).** Diversity and genetic organization of the genus *Phaseolus*. Analysis of the global and chloroplastic genome. *In* : International Symposium on Breeding of Protein and Oil Crops, Ed. EUCARPIA, de RON A., Fundacion Pedro Barrié De La Maza (Spain), 75-76.

**Baudoin J. P. & Maquet A. (1999).** Improvement and amino acid contents in seeds of food legume. A case study in *Phaseolus*. BASE **3** (4) : 220-224.

**Baudoin J. P. & Maréchal R. (1991).** Wide crosses and taxonomy of pulse crops, with special emphasis and *Vigna*. In: Crop Genetic Resources of Africa. Vol. II, Proceedings of an International Conference on Genetic Resources of Africa, 17-20 october 1988, Ibadan, Nigeria. Ed. By N. Q. Ng, P. Perrino, H. Zedan. IITA/IBPGR/UNEP/CNR, Nigeria: 287-302.

**Baudoin J. P., Maréchal R., Otoul E. & Camarena F. (1985).** Interspecific hybridizations within the *Phaseolus vulgaris* L. and *Phaseolus coccineus* L. complex. Bean Improvement Cooperative. Annual Report **28** : 64-65.

**Baudoin J. P., Silué S., Geerts P., Mergeai G. & Toussaint A. (2004).** Interspecific hybridization with *Phaseolus vulgaris* L.: Embryo development and its genetics. *In*: Recent Research Developments in Genetics and Breeding **1** (II) Ed. Pandalai S. G., Research Signpost, Trivandrum (Kerala, India): 349-364.

**Berg R. Y. (2003).** Development of ovule, embryo sac, and endosperm in *Triteleia* (*Themidaceae*) relative to taxonomy. Am. J. Bot. **90** (6) : 937-948.

**Berger F. (1999).** Endosperm development. Plant Biology **2** : 28-32.

**Berger F. (2003).** Endosperm: the cross road of development. Plant Biology **6** : 42-50.

**Berleth T. (1998).** Experimental approaches to *Arabidopsis* embryogenesis. Plant Physiol. Biochem. **36** (1-2) : 69-82.

**Bommert P. & Werr W. (2001).** Gene expression patterns in the maize caryopsis: clues to decisions in embryo and endosperm development. Gene **271** : 131-142.

**Boyle S. A. & C. Yeung E. C. (1983).** Embryogeny of *Phaseolus* : developmental pattern of lactate and alcohol dehydrogenases. Phytochemistry **22** (11) : 2413-2416.

**Bradford K. J. (2004).** Seed production and quality. Department of vegetable crops. University of California (USA). Notes de cours.

**Brady T. & Clutter M. E. (1972).** Cytolocalization of ribosomial cistrons in plant polytene chromosomes. J. Cell. Biol. **53** : 827-832.

**Brady T. & Combs S. H. (1998).** The suspensor is a major route of nutrients into proembryo, globular and heart stage *Phaseolus vulgaris* embryos. Biology Department, Hamilton College Clinton, U.S.A. 419-424.

**Brady T. & Walthall E. D. (1985).** The effect of the suspensor and gibberellic acid on *Phaseolus vulgaris* embryo protein content. Developmental Biology **107** : 531-536.

**Budimir S. (2003/4).** Developmental histology of organogenic and embryogenic tissue in *Picea omorika* culture. Biologia Plantarum **47** (3) : 467-470.

**Buitendijk J. H., Pinsonneaux N., van Donk A. C., Ramanna M. S. & van Lammeren A. A. M. (1995).** Embryo rescue by half-ovule culture for the production of interspecific hybrids in *Alstroemeria*. Scientia Horticulturae **64** : 65-75.

**Buishand T. J. (1956).** The crossing of beans (*Phaseolus* sp.). Euphytica **5** : 41-50.

**Busogoro J. P. (1998).** Comportement pathogénique et polymorphisme moléculaire d'isolats africains de *Phaeoisariopsis griseola* (Sacc.)Ferr., l'agent des taches anguleuses de *Phaseolus vulgaris* L., et recherche de nouvelles sources de résistance à cette maladie.

Thèse de Doctorat. Faculté universitaire des Sciences agronomiques de Gembloux (Belgium). 171 p.

**Busogoro J. P., Jijakli M. H. & Lepoivre P. (1999).** Virulence variation and RAPD polymorphism in African isolates of *Phaeoisariospis griseola* (Sacc.) Ferr., the causal agent of angular leaf spot of common bean. Europ. J. of Plant Path. **105** : 559-569.

**Camarena F. (1988).** Etude de la transmission des caractères de *Phaseolus polyanthus* Greenm. dans *Phaseolus vulgaris* L. au travers de l'utilisation du cytoplasme *P. polyanthus*. Faculté universitaire des Sciences agronomiques de Gembloux (Belgique). Thèse de Doctorat. 237 p.

**Camarena F. & Baudoin J. P. (1987).** Obtention des premiers hybrides interspécifiques entre *Phaseolus vulgaris* et *Phaseolus polyanthus* avec le cytoplasme de cette dernière forme. Bull. Rech. Agron. Gembloux. **22** (1) : 43-55.

**Ceccarelli N., Lorenzi R. & Alpi A. (1981).** Gibberellin biosynthesis in *Phaseolus coccineus* suspensor. Z. Pflanzenphysiol. **102** : 37-44.

**Chamberlin M. A., Horner H. T. & Palmer R. G. (1994).** Early endosperm, embryo and ovule development in *Glycine max* (L.) Merr. Int. J. of Plant Sci. **155** (4) : 421-436.

**Chavez J., Schmit, V. & Baudoin J. P. (1992).** Development of an *in vitro* culture method for heart-shaped embryo in *Phaseolus polyanthus*. BIC **25** : 215-216.

**Chen J. F., Staub J., Adelberg J., Lewis S, Kunkle B. & Chen J. F. (2002).** Synthesis and preliminary characterization of a new species (amphidiploid) in *Cucumis*. Euphytica **123** (3) : 315-322.

**Chen Q. F. (1999).** Hybridization between *Fagopyrum* (Polygonaceae) species native to China. Botanical Journal of the Linnean Society **131** (2) : 177-185.

**Cheng S. S., Bassett M. J. & Quesenberry K. H. (1981).** Cytogenetic analysis of interspecific hybrids between common bean and scarlet runner bean. Crop Science **21** : 75-79.

**Chi H.S. (2000).** Interspecific crosses of lily by *in vitro* pollinated ovules. Bot. Bull. Acad. Sin. **41** : 143-149.

**Ciavatta V. T., Morillon R., Pullman G. S., Chrispeels M. J. & Cairney J. (2001).** An aquaglyceroporin is abundantly expressed early in the development of the suspensor and the embryo proper of Loblolly Pine. Plant Physiology **127** : 1556-1567.

**Clutter M., Brady T., Walbot V. & Sussex I. (1974).** Macromolecular synthesis during plant embryogeny: Cellular rates of RNA synthesis in diploid and polytene cells in bean embryos. J. Cell. Biol. **63** : 1097-1102.

**Cole R. A., Sutherland R. A. & Riggall W. E. (1991).** The use of polyacrylamide gradient gel electrophoresis to identify variation in isozymes as markers for *Lactuca* species and resistance to the lettuce root aphid *Pemphigus bursarius*. Euphytica **56** : 237-242.

**Comeau A. & Jahier J. (1995).** Notes de cours. Sauvetage d'embryons zygotiques et hybridation interspécifique. CNED. Institut de Rennes 7 (France).

**Comeau A., Nadeau P., Plourde A., Simard R., Maes O., Kelly S., Harper L., Lettre J., Landry B. & St-Pierre C. A. (1992).** Media for the *in ovulo* culture of proembryos of wheat and wheat-derived interspecific hybrids or haploids. Plant Science **81** : 117-125.

**Costa L. M., Gutièrrez-Marcos J. F. & Dickinson H. G. (2004).** More than a yolk: the short life and complex times of the plant endosperm. Plant Science **9** (10) : 507-514.

**Crété P., Guignard J. L. & Mestre J. C. (1966).** Embryogénie des Ulmacées. Développement de l'embryon chez l'*Ulmus campestris* L. Comptes Rendus de l'Académie des Sciences, Paris Série D **262** : 986-988.

**D'Amato F. (1984).** Role of polyploidy in reproductive organs and tissues. In RM Johri, ed, Embryology of Angiosperms. Springer-Verlag, Berlin Heidelberg. 519-566.

**Dana S. (1968).** Hybrid between *Phaseolus mungo* L. and tetraploid *Phaseolus* species. Japan J. Genetics **43** (2) : 153-155.

**Dasgupta J., Bewley J. D. & Yeung E. C. (1982).** Desiccation-tolerant and desiccation-intolerant stages during the development and germination of *Phaseolus vulgaris* seeds. Journ. of Experim. Botany **136** : 1045-1057.

**Debouche C. (1979).** Présentation coordonnée de différents modèles de croissance. Revue de Statistique appliquée. **27** (4) : 5-22.

**Debouck D. G. (1986).** Primary Diversification of *Phaseolus* in the Americas: Three Centres. IBPGR Plant Genetic Resources Newsletter **67** : 2-8.

**Debouck D. G. (1992).** Views on variability in *Phaseolus* beans. BIC **35** : 9-10.

**Debouck D. G. (1999).** Diversity in *Phaseolus* species in relation to the common bean. *In:* Common Bean Improvement in the Twenty-first Century. Kimberly, U.S.A., 25-52.

**Debouck D. G. (2000).** Biodiversity, ecology and genetic resources of *Phaseolus* beans – Seven a unanswered questions. *In*: The Seventh MAFF International Workshop on Genetic Resources. Legumes. National Institute of Agrobiological Resources, Tsukuba, Ibaraki, Japan. 95-123.

**Debouck D. G. & Smartt J. (1995).** Beans, *Phaseolus* spp. (*Leguminosae-Papilionideae*). I. J. Smartt and N. W. Simmonds (eds.), Evolution of Crop plants. 2nd ed. 287-294.

**Delaporte K. L., Conran J. G. & Sedgley M. (2001).** Interspecific hybridization between three closely related ornemental *Eucalyptus* species : *E. macrocarpa*, *E. youngiana* and *E. pyriformis*. The Journ. Hort. Sci. and Biotech. **76** (4) : 384-391.

**Demol J. (2002).** Amélioration des plantes. Applications aux principales espèces cultivées en régions tropicales. Les presses agronomiques de Gembloux. 569 p.

**Derksen J., Kuiman B., Hoedemaekers K., Guyon A., Bonhomme S. & Pierson E. S. (2002).** Growth and cellular organization of *Arabidopsis* pollen tubes in vitro. Sex. Plant Reprod. **15** : 133-139.

**Devic M. & Guilleminot J. (2001).** Approches de génomique fonctionnelle appliquées à l'étude de l'embryogenèse précoce. École thématique Biologie végétale.

**Drews G. N., Lee D. & Christensen C. A. (1998).** Genetic analysis of female gametophyte development and function. The Plant Cell. **10** : 5-17.

**Ducreux G. (2002).** Introduction à la botanique. Paris, Belin sup.

**Dupire L., Décout E., Vasseur J. & Delbreil B. (1999).** Histological and 2-D protein patterns comparisons between a wild type and a somatic embryogenic mutant of *Asparagus officinalis* L. Plant Science **147** : 9-17.

**Dupuis I., Roeckel P., Matthys-Rochon E. & Dumas C. (1987).** Procedure to isolate viable sperm cells from corn (*Zea mays* L.). Pollen Grains. Plant Physiol. **85** :876-878.

**Echarte A. M., Sala C. A. & Clausen A. M. (1996).** Pollen-pistil interactions in *Paspalum distichum* (*Poaceae*). Fragmenta Floristica et Geobotanica **41** (2) : 803-807.

**Echikh N. (2000).** Organisation du pool génique de formes sauvages et cultivées d'une légumineuse alimentaire, *Vigna unguiculata* (L.) Walp. Faculté universitaire des Sciences agronomiques de Gembloux (Belgique). Thèse de Doctorat. 307 p.

**Ernoult M. & Talamoni C. (2003).** Modélisation en TS. Journées inter-académiques.

**Evans A. M. (1976).** Beans (*Phaseolus* spp.) (*Leguminosae-Papilionacae*). Evolution of Crop Plants: 168-172.

**Farjon A. & Ortiz Garcia S. (2003).** Cone and ovule development in *Cunninghamia* and *Taiwania* (*Cupressaceae sensu lato*) and its significance for conifer evolution. Am. J. of Bot. **90** (1) : 8-16.

**Faure J. E., Mogensen H. L., Dumas C., Lorz H. & Kranz E. (1993).** Karyogamy after electrofusion of single egg and sperm cell protoplasts from maize: Cytological evidence and time course. Plant Cell **5** : 747-755.

**Faure N., Serieys H., Cazaux E., Kaan F. & Berville A. (2002).** Partial hybridization in wide crosses between cultivated sunflower and the perennial *Helianthus* species *H. mollis* and *H. orgyalis*. Annals of Botany **89** (1) : 31-39.

**Fernando D. D. & Cass D. D. (1996).** Development and structure of ovule, embryo sac, embryo, and endosperm in *Butomus umbellatus* (Butomaceae). Int. J. Plant Sci. **157** (3) : 269-279.

**Flores Berrios E., Gentzbittel L., Kayyal H., Alibert G. & Sarrafi A. (2000).** AFLP mapping of QTLs for *in vitro* organogenesis traits using recombinant inbred lines in sunflower (*Helianthus annuus* L.). Theor. Appl. Genet. **101** :1299-1306.

**Fratini R., García P. & Ruiz M. L. (2006).** Pollen and pistil morphology, *in vitro* pollen grain germination and crossing success of *Lens* cultivars and species. Plant breeding **125** : 501-505.

**Freytag G. F. & Debouck D. G. (2002).** Taxonomy, distribution, and ecology of the genus *Phaseolus* (Leguminosae-Papilionoideae) in North America, Mexico and Central America, edn. Botanical Research Institute of Texas, Forth Worth, TX.

**Friedman W. E. (2001).** Developmental and evolutionary hypotheses for the origin of double fertilization and endosperm. C. R. Acad. Sci. Paris, Sciences de la vie/ Life Sciences **324** : 559-567.

**Gallois P. (2001).** Future of early embryogenesis studies in *Arabidopsis thaliana*. C.R. Acad. Sci. Paris, Sciences de la vie **324** : 569-573.

**Geerts P. (2001).** Study of embryo development in *Phaseolus* in order to obtain interspecific hybrids. Faculté universitaire des Sciences agronomiques de Gembloux (Belgique). Thèse de Doctorat. 183 p.

**Geerts P., Toussaint A., Mergeai G. & Baudoin J. P. (2002).** Study of the early abortion in reciprocal crosses between *Phaseolus vulgaris* L. and *Phaseolus polyanthus* Greenm. BASE **6** (2) : 109-119.

**Gepts P. (1993).** The use of molecular and biochemical markers in crop evolution studies. Evol. Biol. **27** : 51-94.

**Giuliani C., Consonni G., Gavazzi G., Colombo M. & Dolfini S. (2002).** Programmed cell death during embryogenesis in maize. Annals of Botany **90** : 287-292.

**Godderis W. (1995).** Ibiharage. La culture du haricot au Burundi. Publication agricole n° 32 AGCD, Bruxelles, Belgique. 163 p.

**Gomathinayagam P., Ganesh ram S., Rathnaswamy R. & Ramaswamy N. M. (1998).** Interspecific hybridization between *Vigna unguiculata* (L.) Walp. and *V. vexillata* (L.) A. Rich. through in vitro embryo culture. Euphytica **102** : 203-209.

**Gompertz, B. (1825).** On the nature of the function expressive of the law of human mortality and on a new mode of determining the value of life contingencies. Philosophical Transactions of the Royal Society. **115** : 513-585.

**Grini P. E., Jürgens G. & Hülskamp M. (2002).** Embryo and endosperm development is disrupted in the female gametophytic *capulet* mutants of *Arabidopsis*. Genetics **162** : 1911-1925.

**Guéritaine G., Bonavent J. F. & Darmency H. (2003).** Variation of prezygotic barriers in the interspecific hybridization between oilseed rape and wild radish. Euphytica **130** : 349-353.

**Guo M., Lightfoot D. A., Mok M. C. & Mok D. W. S. (1991).** Analyses of *Phaseolus vulgaris* L. and *P. coccineus* Lam. Hybrids by RFLP: preferential transmission of *P. vulgaris* alleles. Theor. Appl. Genet. **81** : 703-709.

**Guo M., Mok, M. C. & Mok D. W. S. (1994).** RFLP analysis of preferential transmission in interspecific hybrids of *Phaseolus vulgaris* and *P. coccineus*. J. Hered. **85** : 174-178.

**Gupta V. P., Plaha P. & Rathore P. K. (2002).** Partly fertile interspecific hybrid between a black gram x green gram derivative and an adzuki bean. Plant breeding **121** : 182-183.

**Gutmann M. (1995).** Improved staining procedures for photographic documentation of phenolic deposits in semithin sections of plant tissue. Journal of Microscopy **179** (3) : 277-281.

**Guyon V., Baud S., Wuillème S., Jond C., Debeaujon I., Rochat C., Miquel M., Caboche M. & Lepiniec L. (2002).** Identification de gènes impliqués dans le contrôle de la qualité des graines chez une plante modèle, *Arabidopsis thaliana*. Les rencontres de l'INA. Disponible <http://www.inapg.fr/rencontre/Rina1/genetique.htm.

**Haq M. N., Lane G. R. & Smartt J. (1980).** The cytogenetics of *Phaseolus vulgaris* L., *Phaseolus coccineus* L., their interspecific hybrids, derived amphidiploid and backcross progeny in relation to their potential exploitation in breeding. Cytologia **45** : 791-798.

**Harada J. J. (1999).** Signaling in plant embryogenesis. Current Opinion in Plant Biology **2** : 23-27.

**Harlan J. R. & De Wet J. M. J. (1971).** Toward a rational classification of cultivated plants. Taxon **20** : 509-517.

**Haughn G. & Chaudhury A. (2006).** Genetic analysis of seed coat development in *Arabidopsis*. Plant Science **10** (10).

**Hedhly A., Hormaza J. I. & Herrero M. (2004).** Effect of temperature on pollen tube kinetics and dynamics in sweet cherry, *Prunus avium* (*Rosaceae*). Am. Journ. of Bot. **9** (4) : 558-564.

**Heitzer A., Kohler H. P. E., Reichert P. & Hamer G. (1991).** Utility of phenomenological models for describing temperature dependance of bacterial growth. Appl. and Environ. Microbiol. **57** (9) : 2656-2665.

**Herr J. M. (1971).** A new clearing squash technique for the study of ovule development in angiosperms. Am. Journ. of Bot. **58** (8) : 785-790.

**Herr, J. M. (1992).** Recent advances in clearing techniques for study of ovule and female gametophyte development. Springer Chapitre **23**.

**Herr, J. M. (1995).** The origin of the ovule. Am. Journ. of Bot. **82** (4) : 547-564.

**Hirose T., Ujihara A., Kitabayashi H. & Minami M. (1994).** Interspecific cross-compatibility in *Fagopyrum* according to pollen tube growth. Breeding Science **44** (3) : 307-314 & 341-342.

**Hoch T., Pradel P. & Agabriel J. (2004).** Modélisation de la croissance de bovins: évolution des modèles et applications. INRA Prod. Anim. **17** : 303-314.

**Honda K. & Tsutsui K. (1997).** Production of interspecific hybrids in the genus *Delphinium* via ovule culture. Euphytica **96** : 331-337.

**Honda K., Watanabe H. & Tsutsui K. (2003).** Use of ovule culture to cross between *Delphinium* species of different ploidy. Euphytica **129** : 275-279.

**Hoover E. E., Brenner, M. L. & Ascher P. D. (1985).** Comparison of development of two bean crosses. HortSciences **20** (5) : 884-886.

**Hsu F. C. (1979).** Abscisic acid accumulation in developing seeds of *Phaseolus vulgaris* L. Plant Physiol. **63** : 552-556.

**Jansky S. (2006).** Overcoming hybridization barriers in potato. Plant Breeding **125** : 1-12.

**Jenczewski E. & Alix K. (2004).** From diploids to allopolyploids: the emergence of pairing control genes. Critical Reviews in Plant Sciences **23** (1) : 21-45.

**Jenczewski E., Ronfort J. & Chèvre A. M. (2003).** Crop to wild gene flow, introgression and possible fitness effects of transgenes. Environmental Biosafety research **2** : 9-24.

**Johnson N. O. (1935).** A trend line for growth series. J. Am. Stat. Assoc. **30** : p. 717.

**Jürgens G., Mayer U., Torres R., Berleth T. & Misera S. (1991).** Genetic analysis of pattern formation in the *Arabidopsis* embryo. Dev. Suppl. **1**: 27-38.

**Jürgens G. & Mayer U. (1994).** Embryos. Colour Atlas of Development. (London: Wolfe Publishing).

**Kaplan L. (1981).** What is the origin of the common bean. Economic Garden **35** (2) : 240-254.

**Kaplan L. & Lynch T. E. (1999).** *Phaseolus* (*Fabaceae*) in archaeology: AMS radiocarbon dates and their significance for pre-Colombian agriculture. Economic botany **53** (3) : 261-272.

**Katanga K. (1989).** Création d'hybrides interspécifiques entre le haricot de Lima (*Phaseolus lunatus* L.) et plusieurs espèces sauvages du genre *Phaseolus*. Possibilités de leur utilisation pour l'amélioration de l'espèce cultivée. Faculté universitaire des Sciences agronomiques de Gembloux (Belgique). Thèse de Doctorat. 213 p.

**Kaufmane E. & Rumpunen K. (2002).** Pollination, pollen tube growth and fertilization in *Chaenomeles japonica* (Japanese quince). Scientia Horticulturae. **94** (3-4) : 257-271.

**Kouadio D., Toussaint A., Pasquet R. & Baudoin J. P. (2006)** Barrières pré-zygotiques chez les hybrides entre formes sauvages du niébé, *Vigna unguiculata* (L.) Walp. BASE **10** (1) : 33-41.

**Kranz E. & Lorz H. (1993).** *In Vitro* Fertilization with Isolated, Single Gametes Results in Zygotic Embryogenesis and Fertile Maize Plants. Plant Cell **5** : 739-746.

**Lackie S. & Yeung E. C. (1996).** Zygotic embryo development in *Daucus carota*. Can. J. Bot. **74** : 990-998.

**Le bulletin bimensuel. Agriculture et agroalimentaire Canada. (2002).** Haricots secs: Situation et perspectives. Disponible en ligne le 12/12/2005.

**Le Bulletin bimensuel. Agriculture et agroalimentaire Canada. (2006).** Haricots secs: Situation et perspectives. Volume 19 Numéro 19. Disponible en ligne le 25/01/2007.

**Le Marchand G., Maréchal R. & Baudet J. C. (1976).** Observations sur quelques hybrides dans le genre *Phaseolus*. III. *P. lunatus* : nouveaux hybrides et considérations sur les affinités interspécifiques. Bull. Rech. Agron. Gembloux **11** (1-2) : 183-200.

**Lecomte B. (1997).** Etude du développement embryonnaire *in vivo* et *in vitro* dans le genre *Phaseolus* L. Faculté universitaire des Sciences agronomiques de Gembloux (Belgique). Thèse de Doctorat. 186 p.

**Lecomte B., Longly B., Crabbe J. & Baudoin J. P. (1998).** Etude comparative du développement de l'ovule chez deux espèces de *Phaseolus* : *P. polyanthus* et *P. vulgaris*. BASE **2** (1) : 77-84.

**Ledesma N. & Sugiyama N. (2005).** Pollen quality and performance in strawberry plants exposed to high-temperature stress. Journ. Amer. Soc. Hort. Sci. **130** (3) : 341-347.

**Lester R. N. & Kang J. H. (1998).** Embryo and endosperm function and failure in *Solanum* species and hybrids. Annals of Botany **82** : 445-453.

**Lopes A. & Larkins B. A. (1993).** Endosperm origin, development, and function. The Plant Cell **5** : 1383-1399.

**Losick R. & Shapiro L. (1993).** Checkpoints that couple gene expression to morphogenesis. Science **262** : 1227-1228.

**Lu J. & Lamikanra O. (1996).** Barriers to intersubgeneric crosses between *Muscadinia* and *Euvitis*. HortScience **31** (2) : 269-271.

**Lukoki L. (1975).** Distinction entre *Vigna Radiata* et *Vigna mungo*. Bull. Recher. Agron. Gembloux **3** : 372-373.

**Lukoki L. & Maréchal R. (1981).** Hybridations interspécifiques entre *Vigna radiata* (L.) Wilczek et *Vigna mungo* (L.) Hepper. Bull. Recher. Agron. Gembloux **16** (3) : 233-248.

**Lundqvist B. (1957).** Om Höjdutverklingen i Kulturbestand av Tall och Gram i Nowland. Medd. Stat. Sklogsforskm Inst. **47** (2).

**Luo M., Bilodeau P., Dennis E. S., Peacock W. J. & Chaudhury A. (2000).** Expression and parent-of-origin effects for FIS2, MEA, and FIE in the endosperm and embryo of developing *Arabidopsis* seeds. PNAS **97** (19) : 10637-10642.

**Maestro M. C. & Alvarez J. (1988).** The effects of temperature on pollination and pollen tube growth in muskmelon (*Cucumis melo* L.). Scientia Horticulturae **36** :173-181.

**Maheshwari P. (1950).** An introduction to the embryology of angiosperms. First edition. New york, Toronto, London: McGraw-Hill Book Company Inc,.

**Mallikarjuna N. (1999).** Ovule and embryo culture to obtain hybrids from interspecific incompatible pollinations in chickpea. Euphytica **110** (1) : 1-6.

**Mallikarjuna N. & Saxena K. B. (2002).** Production of hybrids between *Cajanus acutifolius* and *C. cajan.* Euphytica **124** : 107-110.

**Maréchal R. (1971).** Observations sur quelques hybrides dans le genre *Phaseolus.* 2. Les phénomènes méiotiques. Bull. Rech. Agron. Gembloux **6** : 461-489.

**Maréchal R. & Baudoin J. P. (1978).** Observations sur quelques hybrides dans le genre *Phaseolus* IV. Bull. Recher. Agron. Gembloux **13** (3) : 233-240.

**Maréchal R., Mascherpa J. M. & Stainier F. (1978).** Etude taxonomique d'un groupe complexe d'espèces des genres *Phaseolus* et *Vigna* sur la base de données morphologiques et polliniques traitées par l'analyse informatique. Boisiera **28** : 273.

**Massardo F., Corcuera L. & Alberdi M. (2000).** Seed physiology, production & technology: Embryo physiological responses to cold by two cultivars of oat during germination. Crop Science **40** : 1694-1701.

**Mathias R., Espinosa S. & Röbbelen G. (1990).** A new embryo rescue procedure for interspecific hybridization. Plant Breeding **104** : 258-261.

**Mathias R. J. & Boyd L. A. (1988).** The growth in culture of detached ovaries of wheat (*Triticum aestivum* L. em. Thell). Plant Breeding **100** (2) : 143-146.

**Matthys-Rochon E., Piola F., Le Deunff E., Mol R. & Dumas C. (1998).** *In vitro* development of maize immature embryos : a tool for embryogenesis analysis. Journal of Experimental Botany **49** (322) : 839-845.

**Mawson B. T., Steghaus A. K. & Yeung E. C. (1994).** Structural development and respiratory activity of the funiculus during bean seed (*Phaseolus vulgaris* L.) maturation. Annals of botany **74** : 587-594.

**Mayer U., Büttner G. & Jürgens G. (1993).** Apical-basal pattern formation in the *Arabidopsis* embryo: studies on the role of the gnom gene. Development **117** : 149-162.

**Mayer U., Torres R. A., Berleth T., Miser S. & Jürgens G. (1991).** Mutations affecting body organization in the *Arabidopsis* embryo. Nature **353** : 402-407.

**Mejia-Jimenez A., Munoz C., Jacobsen H. J., Roca W. M. & Singh S. P. (1994).** Interspecific hybridization between common and tepary beans – increased hybrid embryo growth, fertility, and efficiency of hybridization through recurrent and congruity backcrossing. Theor. Appl. Genet. **88** (3-4) : 324-331.

**Mergeai G., Schmit V., Lecomte B. & Baudoin J. P. (1997).** Mise au point d'une technique de culture *in vitro* d'embryons immatures de *Phaseolus.* BASE **1** : 49-58.

**Mok D.W.S., Mok M.C., Rabakoarihanta A. & Shii T. (1986).** *Phaseolus.* Wide hybridization through embryo culture. Berlin (Allemagne).

**Monnier M. (1976).** Culture *in vitro* de l'embryon immature de *Capsella Bursa*-pastoris Moench. Rev. Cyt. Biololgie Végétale **39** : 1-120.

**Mont J., Iwanaga M., Orjeda G. & Watanabe K. (1993).** Abortion and determination of stages for embryo rescue in crosses between sweet-potato, *Ipomoea batatas* Lam (2 n = 6 x = 90) and its wild relative, *I. trifida* (H.B.K.) G. Don (2 n = 2x=30). Sex Plant Reprod. **6** : 176-182.

**Nagl W. (1974).** The *Phaseolus* suspensor and its polytene chromosomes. Z Pflanzenphysiol. **73** : 1-44.

**Nelder J. A. (1961).** The fitting of a generalization of the logistic curve. Biometrics **17** : 89-110.

**Nelder J. A. (1962).** An alternative form of generalized logistic equation. Biometrics **18** : 614-616.

**Nguema Ndoutoumou P., Toussaint A. & Baudoin J. P. (2006).** Embryogenèse précoce comparative lors des croisements entre *Phaseolus coccineus* L. et *Phaseolus vulgaris* L. BASE **11** (2) (sous presse).

**Nguema Ndoutoumou P., Toussaint A. & Baudoin J. P. (2007).** Embryo abortion and histological features in the interspecific cross between *Phaseolus vulgaris* L. and *P. coccineus* L. Plant Cell, Tissue and Organ Culture **88** : 329-332.

**Nickle T. C. & Meinke D. W. (1998).** A cytokinesis-defective mutant of *Arabidopsis* (*cyt1*) characterized by embryonic lethality, incomplete cell walls, and excessive callose accumulation. Plant Journal **115** : 321-332.

**Nomizu T., Niimi Y. & Watanabe E. (2004).** Embryo development and seed germination of *Hepatica nobilis* Schreber var. *japonica* as affected by temperature after sowing. Scientia Horticulturae **99** : 345-352.

**Obando L., Baudoin J. P., Dickburt C. & Lepoivre P. (1990).** Identification de sources de résistance à l'ascochytose du haricot au sein du genre *Phaseolus*. Bull. Recher. Agron. Gembloux **25** (4) : 443-457.

**Obando L., Kummert J., Lepoivre P. & Baudoin J. P. (1990).** Virulence and isozyme variations within fungi causing Ascochyta Blight of *Phaseolus vulgaris*. Med Fac Landbouww, Gent **55** (3a) : 815-825.

**Ockendon D. J., Currah L. & Taylor J. D. (1982).** Transfer of resistance to halo-blight (*Pseudomonas phaseolicola*) from *Phaseolus vulgaris* to *P. coccineus*. Annu. Rpt. Bean Improv. Coop. **25** : 84-85.

**Olsen O. A., Linnestad C. & Nichols S. E. (1999).** Developmental biology of the cereal endosperm. Elsevier Science **4** (7) : 1360-1385.

**Otoul E. & Le Marchand G. (1974).** Contribution à l'étude de l'influence de l'équilibre minéral sur la composition en aminoacides de *P. vulgaris* L. Bull. Rech. Agron. Gembloux **9** (1) : 72-93.

**Palmer J. L., Lawn R. J. & Adkins S. W. (2002).** An embryo-rescue protocol for *Vigna* interspecific hybrids. Australian Journal of Botany **50** (3) : 331-338.

**Palser B. F., Rouse J. L. & Williams E. G. (1989).** Coordinated timetables for megagametophyte development and pollen tubes growth in *Rhododendron nuttallii* from anthesis to early postfertilization. Amer. J. Bot. **76** (8) : 1167-1202.

**Parton E., Vervaeke I., Deroose R. & De Proft. M. P. (2001).** Interspecific and intergeneric fertilization barriers in *Bromeliaceae*. Acta Horticulturae **552** : 43-53.

**Patrick J. W. (1994).** Turgor dependent unloading of assimilates from coats of developing legume seed. Assessment of the significance of the phenomenon in the whole plant. Physiologia Plantarum **90** : 645-654.

**Pavé A. (1994).** Modélisation en biologie et en écologie. Aléas Éditeur, Lyon, France, 559 p.

**Perata P., Picciarelli P. & Alpi A. (1990).** Pattern of variations in abscisic acid content in suspensors, embryos, and integuments of developing *Phaseolus coccineus* seeds. Plant Physiol. **94** : 1776-1780.

**Piaggesi A., Picciarelli P., Lorenzi R. & Alpi A. (1989).** Gibberellins in embryo-suspensor of *Phaseolus coccineus* seeds at the heart stage of embryo development. Plant Physiol. **91** : 362-366.

**Picciarelli P. & Alpi A. (1986).** Gibberellins in suspensors of *Phaseolus coccineus* L. Seeds. Plant Physiol. **82** : 298-300.

**Prendota K., Baudoin J. P. & Marechal R. (1982).** Fertile allopolyploids from the cross *Phaseolus acutifolius* x *Phaseolus vulgaris*. Bull. Rech. Agron. Gembloux. **17** (2) : 177-190.

**Pullman G. S & Buchanan M. (2003).** Loblolly pine (*Pinus taeda* L.): stage-specific elemental analyses of zygotic embryo and female gametophyte tissue. Plant Science **164** : 943-954.

**Raghavan V. (1997).** Molecular embryology of flowering plants. Cambridge, University Press.

**Raghavan V (2003).** Some reflections on double fertilization, from its discovery to the present. New Phytologist **159** (3) : 565-585.

**Raghavan V. & Torrey J. G. (1963).** Growth and morphogenesis of globular and older embryos of *Capsella* in culture. Am. J. of Bot. **50** (6) : 540-551.

**Raven P. H., Evert R. F. & Eichhorn S. E. (2003).** Biologie végétale. Bruxelles (Belgium), De Boeck Université, 944 p.

**Reddy L. J., Kameswara Rao N. & Saxena K. B. (2001).** Production and characterization of hybrids between *Cajanus cajan* × *C. reticulatus* var. *grandifolius*. Euphytica **121** (1) : 93-98.

**Reiser L. & Fischer R. L. (1993).** The ovule and the embryo sac. The Plant Cell **5** : 1291-1301.

**Rodiño A. P., Santalla M., Montero I., Casquero P. A. & De Ron A. M. (2001).** Diversity of common bean (*Phaseolus vulgaris* L.) germplasm from Portugal. Genetic Resources and Crop Evolution **48** (4) : 409-417.

**Rodrangboon P., Pongtongkam P., Suputtitada S. & Adachi T. (2002).** Abnormal embryo development and efficient embryo rescue in interspecific hybrids, *Oryza sativa* x *Oryza minuta* and *Oryza sativa* x *Oryza officinalis*. Breeding Science **52** (2) : 123-129.

**Rosso M. (1995).** Groupes quantiques et algèbres de battage quantiques (Quantum groups and quantum shuffles). Comptes rendus de l'Académie des sciences. Série 1, Mathématique **320** (2) : 145-148.

**Russell S. D. (1993).** The egg cell: Development and role in fertilization and early embryogenesis. The Plant Cell **5** : 1349-1359.

**Ruzin S. E. (1999).** Plant microtechnique and microscopy. USA, Cover design.

**Sabja A. M., Mok D. W. S. & Mok M. C. (1990).** Seed and embryo growth in pod cultures of *Phaseolus vulgaris* and *P. vulgaris* x *P. acutifolius*. HortScience **25** (10) : 1288-1291.

**Sagare A. P., Suhasini K. & Krishnamurthy K. V. (1995).** Histology of somatic embryo initiation and development in chickpea (*Cicer arietinum* L.). Plant Science **109** : 87-93.

**Sage T. L. & Webster B. D. (1990).** Seed abortion in *Phaseolus vulgaris* L. Bot. Gaz. **151** (2) : 167-175.

**Sallandrouze A., Faurobert M. & El Maâtaouia M. (2002).** Characterization of the developmental stages of cypress zygotic embryos by two-dimensional electrophoresis and by cytochemistry. Physiol. Plant. **114** : 608-618.

**Scharf J. H., Peil J. & Helwin H. (1973).** Systematische Untersuchungen zur eigentlich nichtlinearen Regression mit sigmoïd Funktionen. II et III. Biom. Z. **15** (1) : 21-46 & **15** (3) : 179-189.

**Schmit V. (1992).** Etude de *Phaseolus polyanthus* Greenman et autres taxons du complexe *Phaseolus coccineus* L. Faculté des Sciences Agronomiques de Gembloux (Belgique). Thèse de doctorat. 185 p.

**Schmit V. & Baudoin J. P. (1992).** Screening for resistance to *Ascochyta* blight in populations of *P. coccineus* L. and *P. polyanthus* Greenman. Field Crops Res. **30** : 155-165.

**Schmit V., Debouck D. G. & Baudoin J. P. (1996).** Biogeographical and molecular observations on *Phaseolus* (*Fabaceae, Phaseolinae*) and its taxonomic status. Taxon **45** : 493-501.

**Schumacher F. X. (1939).** A new growth curve and its relation to timber yield studies. J. For. **37** : 819-820.

**Schwartz H. F. & Galvez G. E. (1980).** Bean production problems. Disease, insect, soil and climatic constraints of *Phaseolus vulgaris*. Cali, CIAT.

**Seavey S. T., Mangels S. K. & Chappel N. J. (2000).** Unfertilized ovules of *Epilobium obcordatum* (*Onagraceae*) continue to grow in developing fruits. Am. J. of Bot. **87** (12) : 1765-1768.

**Serre M. (2007).** http://www.saveursdumonde.net/ disponible le 22/01/2007.

**Sharma D. R., Kaur R. & Kumar K. (1996).** Embryo rescue in plants - a review. Euphytica **89** : 325-337.

**Shi Z. & Stösser R. (2005).** Reproductive biology of Chinese chestnut (*Castanea mollissima* Blume). Europ. J. Hort. Sci. **70** (2) : 96-103.

**Shii C.T., Rabakoarihanta A., Mok M.C. & Mok D.W.S. (1982).** Embryo development in reciprocal crosses of *Phaseolus vulgaris* L. and *P. coccineus* Lam. Theor. Appl. Genet. **62** : 59-64.

**Sicard D., Nanni L., Porfiri O., Bulfon D. & Papa R. (2005).** Genetic diversity of *Phaseolus vulgaris* L. and *P. coccineus* L. landraces in central Italy. Plant Breeding **124** : 464-472.

**Silué S., Toussaint A., Muhovski Y., Jacquemin J. M. & Baudoin J. P. (2004).** Study of genes involved in *Phaseolus* embryogenesis. *In*: PHASEOMICS III. Eds. Hernandez G., Gerber D., Pankhurst C., Broughton W., Proceeding of the Third International Scientific Meeting, Geneva (Switzerland) : 4 p.

**Singh S. P. (1992).** Common bean improvement in the tropics. Plant Breed. Rev. **10** : 199-269.

**Singh S. P. & Muñoz C. G. (1999).** Resistance to common bacterial blight among *Phaseolus* species and common bean improvement. Crop Science **39** : 80-89.

**Smartt J. (1970).** Interspecific hybridization between cultivated american species of the genus *Phaseolus*. Euphytica **19** : 480-489.

**Smartt J. (1981).** Evolving gene pools in crop plants. Euphytica **30** (2) : 415-418.

**Smartt J., Haq N. & Nassar M. (1974).** The production of interspecific hybrids using *Phaseolus coccineus* L. as seed parent. Annu. Rpt. Bean Improv. Coop. **17** : 80-81.

**Smith J. G. (1971).** An analytical approach to the culture of globular bean embryos. Ann. Arbor : University Microfilms International.

**Smith J. G. (1973).** Embryo development in *Phaseolus vulgaris*. II. Analysis of selected inorganic ions, ammonia, organic acids, amino acids and sugars in the endosperm liquid. Plant Physiol. **51** : 454-458.

**Solomon M., Belenghi B., Delledonne M., Menachem E. & Levine A. (1999).** The involvement of cysteine proteases and protease inhibitor genes in the regulation of programmed cell death in plants. The Plant Cell **11** : 431-443.

**Soltis P. S. & Soltis D. E. (2004).** The origin and diversification of angiosperms. Am. J. of Bot. **91** (10) : 1614-1626.

**Sornsathapornkul P. & Owens J. N. (1999).** Zygotic embryo development in a tropical *Acacia* hybrid (*Acacia mangium* Willd x *A. auriculiformis* A. Cunn. Ex Benth.). Int. J. Plant Sci. **160** (3) : 445-458.

**Stauffer F. W., Rutishauser R. & Endress P. K. (2002).** Morphology and development of the female flowers in *Geonoma interrupta* (*Arecaceae*). Am. J. of Bot. **89** (2) : 220-229.

**Sterling C. (1954).** Development of the seed coat of Lima bean (*Phaseolus lunatus* L.). Bull. Torr. Bot. Club **81** (4) : 271-287.

**Stewart J. (1981).** *In vitro* fertilization and embryo rescue. Environmental and Experimental Botany **21** (3-4) : 301-315.

**Suhasini K., Sagare A. P., Sainkar S. R. & Krishnamurthy K. V. (1997).** Comparative study of the development of zygotic and somatic embryos of chickpea (*Cicer arietinum* L.). Plant Science **128** : 207-216.

**Sukno S., Ruson J., Jan C. C., Melero-Varaa, J. M. & Fernandez-Martinez, J. M. (1999).** Interspecific hybridization between sunflower and wild perennial *Helianthus* species via embryo rescue. Euphytica **106** (1) : 69-78.

**Sussex I., Clutter M., Walbot V. & Brady T. (1973).** Biosynthesic activity of the suspensor of *Phaseolus coccineus*. Caryologia **25** : 261-272.

**Suzuki D. (1995).** Le gène. *In*: Biologie. Adaptation et révision scientifique de Mathieu, R. Renouveau Pédagogique Inc. Québec (Canada). 1190 p.

**Tamborindeguy C. (2004).** Analyse par les approches de la génomique fonctionnelle de l'induction de la polarité embryonnaire chez le tournesol. Ecole Nationale Supérieure Agronomique de Toulouse (France). 285 p.

**Teixeira S. P., Carmello-Guerreiro S. M. & Machado S. R. (2004).** Fruit and seed ontogeny related to the seed behaviour of two tropical species of *Caesalpinia* (*Leguminosae*). Botanical Journal of the Linnean Society **146** : 57-70.

**Thomas H. (1964).** Investigations into interrelationships of *P. vulgaris* L. and *P. coccineus* Lam. Genetica **35** : 59-74.

**Tischner T., Allphin L., Chase K., Orf J. H. & Lark K. G. (2003).** Genetics of seed abortion and reproductive traits in soybean. Crop Science **43** : 464-473.

**Toussaint A., Geerts P., Clément F., Mergeai G. & Baudoin J. P. (2002).** Régénération de *Phaseolus vulgaris* L. et *P. polyanthus* Greenm. à partir d'embryons immatures en vue de leur hybridation interspécifique. VIII$^{èmes}$ Journées Scientifiques - AUF. Marrakech (Maroc).

**Tuyl (van) J. M., Diën (van) M. P., Creij (van) M. G. M., Kleinwee (van) T. C. M., Franken J. & Bino R. J. (1991).** Application of *in vitro* pollination, ovary culture, ovule culture and embryo rescue for overcoming incongruity barriers in interspecific *Lilium* crosses. Plant Science **74** : 115-126.

**Tuyl (van) J. M., Maas I. W. G. M., Kibyung L., Tuyl (van) J. M., Lim K. B., Littlejohn G. (Ed.), Venter R. (Ed.) & Lombard C. (2002).** Introgression in interspecific hybrids of lily. Acta Horticulturae **570** : 213-218.

**Uwer U., Willmitzer L. & Altmann T. (1998).** Inactivation of a glycyl-tRNA synthetase leads to an arrest in plant embryo development. The Plant Cell **10** : 1277-1294.

**Vargas T. E., De García E. & Oropeza M. (2005).** Somatic embryogenesis in *Solanum tuberosum* from cell suspension cultures: histological analysis and extracellular protein patterns. Journ. of Plant Physiol. **162** : 449-456.

**Verdcourt B. (1984).** Studies in the leguminosae Papilionoideae for the "Flora of tropical east Africa" IV. Kew bull: 507-569.

**Vervaeke I., Parton E., Maene L., Deroose R. & De Proft M. P. (2002).** Pollen tube growth and fertilization after different in vitro pollination techniques of *Aechmea fasciata*. Euphytica **124** : 75-83.

**Vijaya-Laxmi G. & Giri C. C. (2003).** Plant regeneration via organogenesis from shoot base-derived callus of *Arachis stenosperma* and *A. villosa.* Current Science **85** (11) : 1624-1629.

**Villalobos R. A., Ugalde W. G. G., Chacón F. C., Trejos P. S. & Debouck D. G. (2001).** Observations on the geographic distribution, ecology and conservation status of several *Phaseolus* bean species in Costa. Genetic Resources and Crop Evolution **43** (3) : 221-232.

**Vinkenoog R. & Scott R. J. (2001).** Autonomous endosperm development in flowering plants: how to overcome the imprinting problem? Sexual Plant Reproduction **14** (4) : 189-194.

**Walbot V., Brady T., Clutter M. & Sussex I. (1972).** Macromolecular synthesis during plant embryogeny : rates of RNA synthesis in *Phaseolus coccineus* embryos and suspensors. Develop. Biol. **29** : 104-111.

**Walthall E. D. & Brady T. (1986).** The effect of the suspensor and gibberellic acid on *Phaseolus vulgaris* embryo protein synthesis. Cell Diff. **18** : 37-44.

**Wan L., Xia Q., Qiu X. & Selvaraj G. (2002).** Early stages of seed development in *Brassica napus*: a seed coat-specific cysteine proteinase associated with programmed cell death of the inner integument. The Plant Journal **30** (1) : 1-10.

**Weber S., Horn R. & Friedt W. (2000).** High regeneration potential *in vitro* of sunflower (*Helianthus annuus* L.) lines derived from interspecific hybridization. Euphytica **116** : 271-280.

**Wei J. & Sun M. X. (2002).** Embryo sac isolation in *Arabidopsis thaliana*: a simple and efficient technique for structure analysis and mutant selection. Plant Molecular Biology Reporter **20** : 141-148.

**Weijers D. & Jürgens G. (2005).** Auxin and embryo axis formation: the ends in sight? Current Opinion in Plant Biology **8** : 32-37.

**Weilenmann de Tau E., Mathieu A., Maréchal R. & Baudoin J. P. (1987).** Observation par fluorescence de la croissance du gamétophyte mâle chez des allotétraploïdes d'un hybride interspécifique entre *Phaseolus vulgaris* L. et *Phaseolus filiformis* Benth. Bull. Recher. Agron. Gembloux. **22** (2) : 143-151.

**Wendt T., Canela M. B. F., De Faria A. P. G. & Rios R. I. (2001).** Reproductive biology and natural hybridization between two endemic species of *Pitcairnia* (*Bromaliaceae*). Am. J. of Bot. **88** (10) : 1760-1767.

**Weterings K., Apuya N. R., Bi Y., Fischer R. L., Harada J. J. &. Goldberg R. B. (2001).** Regional localization of suspensor mRNAs during early embryo development. The Plant Cell **13** : 2409-2425.

**Whittier D. P. & Braggins J. E. (2000).** Observations on the mature gametophyte of *Phylloglossum* (*Lycopodiaceae*). Am. J. of Bot. **87** (7) : 920-924.

**Willemse M. T. M., Wittich P. E., Owens S. J. & Rudall P. J. (1996).** Pollination and fertilisation in *Gasteria verrucosa*: interaction between pollen tube and ovary. Reproductive biology in systematics, conservation and economic botany. Proceedings of a conference, Kew, Richmond, UK, 2-5 September, 1996. **1998** : 57-69.

**Wilson C. A. (2001).** Floral stages, ovule development, and ovule and fruit success in *Iris Tenax*, focusing on var. *gormanii*, a taxon with low seed set. Am. J. of Bot. **88** (12) : 2221-2231.

**Windsor J. B., Symonds V. V., Mendenhall J. & Lloyd A. M. (2000).** *Arabidopsis* seed coat development: morphological differentiation of outer integument. The Plant Journal **22** (6) : 483-493.

**Wolf P. G., Campbell D. R., Waser N. M., Sipes S. D., Toler T. R. & Archibald J. K. (2001).** Tests of pre- and postpollination barriers to hybridization between sympatric species of *Ipomopsis* (*Polemoniaceae*). Am. J. of Bot. **88** (2) : 213-219.

**Yamagishi H., Landgren M., Forsberg J. & Glimelius K. (2002).** Production of asymetric hybrids between *Arabidopsis thaliana* and *Brassica napus* utilizing an efficient protoplast culture system. Theoretical and Applied Genetics **104** (6-7) : 959-954.

**Yazawa K., Takahata K. & Kamada H. (2004).** Isolation of the gene encoding Carrot leafy cotyledon1 and expression analysis during somatic and zygotic embryogenesis. Plant Physiol. and Biochem. **42** : 215-223.

**Yeung E. C. (1980).** Embryogeny of *Phaseolus*: the role of the suspensor. Z. Pflanzenphysiol **96** : 17-28.

**Yeung E. C. (1984).** Histological and histochemical staining procedures. In: Vasil IK, ed. Cell culture and somatic cell genetics of plant, Vol. **1**. Orlando, FL: Academic Press, 689-697.

**Yeung E. C. (1990).** Adhesion of endosperm cells to the inner surface of the bean seed coat. Journal of structural biology **105** : 103-110.

**Yeung E. C. (1999).** The use of histology in the study of plants tissue culture systems – some practical comments. *In vitro* cellular and developmental biology. Plant **35** : 137-143.

**Yeung E. C. & Brown D. C. W. (1982).** The osmotic environment of developing embryos of *Phaseolus vulgaris*. Z. Pflanzenphysiol. **106** : 149-156.

**Yeung E. C. & Cavey M. J. (1988).** Cellular endosperm formation in *Phaseolus vulgaris*. I: Light and scanning electron microscopy. Canad. J. Bot. **66** (6) : 1209-1216.

**Yeung E. C. & Clutter M. E. (1978).** Embryogeny of *Phaseolus coccineus*: Growth and microanatomy. Protoplasma **94** : 19-40.

**Yeung E. C. & Clutter M. E. (1979).** Embryogeny of *Phaseolus coccineus* : the ultrastructure and development of the suspensor. Can. J. Bot. **57** : 120-136.

**Yeung E. C. & Meinke D. W. (1993).** Embryogenesis in Angiosperms: Development of the suspensor. The Plant Cell **5** : 1371-1381.

**Yeung E. C., Meinke D. M. & Nickle T. C. (2001).** Embryology of flowering plants – an overview. Phytomorphology Golden Jubilee Issue: 289-304.

**Yeung E. C., Rahman M. H. & Thorpe T. A. (1996).** Comparative development of zygotic and microspore-derived embryos in *Brassica napus* L. cv Topas. I. histodifferenciation. Int. J. Plant Sci. **157** (1) : 27-39.

**Yeung E. C. & Sussex I. M. (1979).** Embryogeny of *Phaseolus coccineus*: The suspensor and the growth of the embryo-proper *in vitro*. Z. Pflanzenphysiol. **91** : 423-433.

**Zenkteler M. (1991).** Ovule culture and test tube fertilization. Med Fac Landbouw Rijksuniv Gent **56** (4a) : 1403-1410.

www.ingramcontent.com/pod-product-compliance
Lightning Source LLC
Chambersburg PA
CBHW021046210326
41598CB00016B/1107